간단한 배합으로
완성하는 셰프의 소스 레시피
소스 앤 딥 237
Sauce & Dips
한스미디어

소스는 손님의 마음을 사로잡는 메뉴를 만들 때 꼭 필요한 요소입니다. 같은 요리라도 셰프의 아이디어로 한층 더 매력적으로 연출할 수 있습니다. 손님이 계속 찾아오는 레스토랑을 만들기 위해서는 맛있고 간편한 소스를 다양하게 준비해야 합니다. 그렇지만 매일매일 영업을 하다 보면 시간과 손이 많이 가는 소스를 만드는 것은 어려운 일입니다.

이 책에서는 만드는 방법은 간단하지만 요리에 곁들이거나, 뿌리거나, 버무려주기만 하면 요리가 한층 더 돋보이는 창의적인 소스, 딥, 드레싱, 페이스트 등을 다양하게 소개하고 있습니다. 일부 소스는 직접 사용한 요리도 함께 수록하여 레스토랑, 와인바, 카페, 이자카야와 같은 곳에서 참고로 할 수 있도록 하였습니다.

또 일본의 인기 레스토랑 셰프들이 자신만의 레시피로 만든 토마토 소스, 제노베제 소스, 과카몰리, 리예트와 같은 기본 소스와 딥도 소개하고 있습니다.

이 책에서 소스와 요리 레시피를 소개하는 셰프는 항상 손님들로 붐비는 와인바, 프렌치 레스토랑, 이탈리안 레스토랑, 일식 요리집, 중식 레스토랑, 베트남 레스토랑, 멕시코 레스토랑에서 요리를 하는 셰프들입니다. 각자 다루는 분야가 다르다고 해도 이 책을 통해 요리에 대한 힌트를 얻어 메뉴의 폭을 넓힐 수 있을 것입니다.

맛에 대한 확신이 없을 때나 멋진 요리를 만들고 싶을 때, 이 책이 도움이 되기를 바랍니다.

Part

6

채소 & 콩

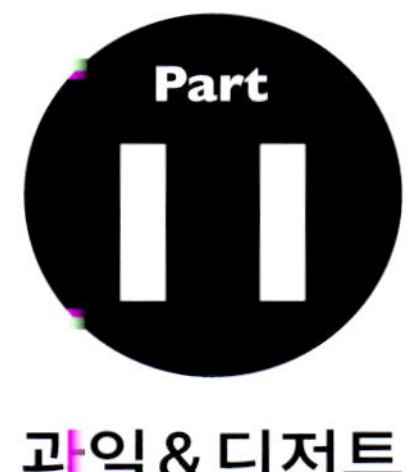

소스&딥 Collection

Column

촬영　아마가타 하루코, 나가시마 사토미, 히가시야 고이치
아트디렉션　오카모토 요헤이(오카모토디자인실)
디자인　시마다 미유키(오카모토디자인실)
편집　이노우에 미키, 오가케 다쓰야, 사토 준코

- 기재한 분량은 각 레스토랑에서 만드는 분량으로 완성된 양은 다를 수 있다. 대부분 작은 레스토랑에서도 만들기 쉬운 200~400㎖ 분량이지만 경우에 따라서는 그 이상이 되는 것도 있다.
- 기본적으로 소스 이름은 각 레스토랑에서 사용하는 이름이다.
- 이 책에서 소개하는 요리는 출간하면서 특별히 개발한 것이 많기 때문에 다른 레스토랑에서 제공하지 않는 요리도 있다.
- 오븐은 미리 예열해둔다.
- 조리할 때의 온도, 화력, 시간, 재료의 분량은 어디까지나 하나의 기준이고 주방의 조건, 가열기구의 종류나 재료의 상태에 따라 달라지기 때문에 상황에 맞게 조절할 필요가 있다.
- 비네그레트는 프랑스어로 드레싱을 의미한다.
- 브로드나 퐁은 뼈나 채소 등으로 우려낸 육수를 말한다.
- 파코젯은 전용 용기에 넣어 얼린 식재료를 냉동상태로 분쇄하는 조리 기구이다.

재료 (특별한 설명이 없는 경우에는 다음과 같다.)

- E.V.올리브 오일은 엑스트라 버진 올리브 오일을, 올리브 오일은 퓨어 올리브 오일을 사용한다.
- 버터는 무염을 사용한다.
- 단순히 홍고추라고 표기한 것은 말린 홍고추이다.
- 마늘, 양파는 껍질을 벗기고 사용한다.
- 안초비는 가시를 제거한 것을 사용한다.
- 올리브는 씨가 없는 것을 사용한다.
- 케이퍼는 케이퍼 초절임을 말한다.
- 홀토마토는 통조림 토마토 소스를 말한다.
- 느억 맘은 베트남의 생선장魚醬이다.
- 시즈닝 소스는 태국이나 베트남에서 사용하는 콩 간장이다.
- 박력분과 콘스타치는 미리 체에 쳐서 준비해둔다.
- 태즈메이니아 머스터드는 호주산 알이 굵은 머스터드이다.
- 견과류는 구운 것을 사용한다.
- 알코올을 날린 술은 알코올을 날린 일본주(청주)를 말한다.
- 참기름이라고 표기한 것은 볶은 참기름을 사용한다.

비네그레트

심플한 기본 드레싱

자료

화이트 와인 비네거 50g
디증 머스터드 30g
샐러드유 100g
소금 2g

만드는 방법

▎화이트 와인 비네거에 디종 머스터
드와 소금을 넣고 거품기로 섞는다.
소금이 녹으면 샐러드유를 조금씩
넣어가며 섞는다.

보존방법·기간

1주일간 냉장 보존 가능

채소 본연의 맛을 즐길 수 있는 심플한 드레싱.
카레가루나 졸인 발사믹 식초 등을 넣어 변화를
줄 수 있다.

프렌치 드레싱

부드러운 산미와 양파의 달콤함

양파와 사과식초, 허브를 넣고 세 번 조려줌으로써
산미는 부드러워지고 양파의 단맛은 한층 더
살아난다. 익히지 않은 향미 채소만으로는 낼 수
없는 감칠맛이 특징이다.

재료

A
- 양파(1.5㎝ 크기의 주사위 모양으로 자른다) 60g
- 사과식초 180ml
- 말린 타라곤 한 꼬집
- 물 180ml

B
- 양파(1.5㎝ 크기의 주사위 모양으로 자른다) 60g
- 마늘 1쪽
- 디종 머스터드 12g
- 소금 10g
- 흑후추 적당량

샐러드유 720ml
물 180ml×3

보존방법·기간

3~4일간 냉장 보존 가능

용도

만드는 방법

1 냄비에 **A**를 넣고 중불에 끓인다.

2 사진처럼 바싹 졸여지면 물 180ml를 넣고 다시 졸인다.

3 사진은 두 번 졸인 상태이다. 여기에 물 180ml를 넣고 한 번 더 졸인다.

4 세 번 졸여주면 사진처럼 변한다.

채소 테린

(요네야마 다모쓰/포쓰라포쓰라)

다양한 제철 채소의 식감을 즐길 수 있을
정도로 데친 다음, 토마토로 만든 투명한
쥐Jus로 테린을 만들었다. 다채로운 색과
모양이 눈을 즐겁게 한다.

만드는 방법

1 채소 테린(p.194)을 1.5㎝ 두께로 잘
라 차가운 접시에 담는다. 토마토를
5㎜ 크기의 주사위 모양으로 잘라 프
렌치 드레싱(p.12)에 버무린 것과 어
린 잎채소를 올리고 프렌치 드레싱
을 접시에 부어준다.

5 **4**에 물 180㎖를 넣고 끓으
면 식힌다.

6 믹서에 **5**와 **B**를 넣고 곱게
갈아준다.

7 샐러드유를 세 번 나누어서
넣는다. 샐러드유를 넣을 때마다
믹서를 돌려서 잘 섞는다.

8 완성된 모습

훈제 판체타 레드 와인 비네거 소스

쌉싸름한 잎채소와 잘 어울린다

판체타에서 나온 기름과 레드 와인 비네거로 만든 드레싱. 이탈리아 북부에서는 일반적으로 먹기 직전에 만들어 트레비소에 뿌려 먹는다.

재료

훈제 판체타 60g
레드 와인 비네거 40g
올리브 오일 20ml
소금 약간

만드는 방법

1 훈제 판체타를 길이 3cm, 두께 7~8mm 의 막대 모양으로 자른다. 프라이팬에 올리브 오일을 두르고 훈제 판체타를 바삭하게 굽는다.

2 불을 끄고 1의 프라이팬에 바로 레드 와인 비네거를 넣어 섞는다. 이때 레드 와인 비네거가 튀어서 화상을 입거나 증기로 숨이 막힐 수 있기 때문에 주의해야 한다. 소금으로 간을 한 다음 마무리한다.

보존방법·기간

필요한 분량만큼 만들어 바로 사용한다.

용도

이탈리아에서는 쓴맛이 강한 라디키오(적색 치커리)에 곁들이는 소스입니다. 라디키오를 구하기 힘들면 트레비소(적치콘)가 가장 좋지만 엔다이브나 치커리처럼 쌉싸름한 잎채소와도 잘 어울립니다. 언뜻 무거워 보이지만 레드 와인 비네거의 비율이 높아서 의외로 맛이 산뜻하기 때문에 돼지 정강이 오븐 구이처럼 기름진 요리에 곁들이는 샐러드로 어울립니다. (에이지마 요시쿠니/사로네 2007)

트레비소 샐러드
훈제 판체타 레드 와인 비네거 소스

(에이지마 요시쿠니/사로네 2007)

쓴맛이 강한 잎채소, 판체타의 훈제 향과 지방의 감칠맛, 레드 와인 비네거의 산미가 어우러져 맛의 균형을 이룬다. 또 쓴맛 안에 감춰진 트레비소의 단맛이 소스로 살아나기 때문에 많이 먹어도 질리지 않는다.

만드는 방법 1인분

1 트레비소 1/2개를 한입 크기로 먹기 좋게 잘라 접시에 담는다. 방금 만든 따뜻한 훈제 판체타 레드 와인 비네거 소스를 뿌려준다.

시저 드레싱

시저 샐러드를 부드럽게

재료의 비율은 시저 샐러드를 처음 만든 멕시코의
'시저스 플레이스Caesar's Place' 레스토랑 맛을
참고하였다. 우스터 소스의 감칠맛을 살린
부드러운 드레싱.

재료

	우스터 소스 70g
A	안초비 80g
	마늘 4쪽
	디종 머스터드 20g
	마요네즈 300g
B	E.V. 올리브 오일 400ml
	소금 12g

만드는 방법

1 믹서에 **A**를 넣고 곱게 갈아준다.
2 **1**을 볼에 옮겨 담고 **B**를 넣어 거품기로 섞는다.

보존방법·기간

1주일간 냉장 보존 가능

용도

'시저 샐러드' 드레싱으로 사용합니다. 사용할 때는
라임즙, 파르미지아노 레지아노 치즈와 같이 로메인
상추를 버무려줍니다.
(나카무라 히로시/아시엔다 델 시에로)

시저 샐러드

(나카무라 히로시/아시엔다 델 시에로)

시저 샐러드를 처음 만든 멕시코의 '시저스 플레이스'
레스토랑에서 먹어본 맛을 재현했다. 크림과 우유를
넣지 않은 가벼운 시저 샐러드는 육류요리와 잘
어울린다.

만드는 방법 1인분

1 로메인 상추(약 1개)를 5㎝ 폭으로 어
숫썰기하여 시저 드레싱(45ml)과 라
임즙(1/8개), 곱게 갈은 파르미지아
노 레지아노와 함께 버무려준다.
2 접시에 담아 크루통을 올린 후 곱게
갈은 파르미지아노 레지아노와 흑후
추를 뿌려준다.

앙쇼야드 소스 (안초비를 넣은 드레싱)

감칠맛과 산미를 살린 비네그레트

안초비를 넣어 만든 비네그레트. 안초비의
짠맛과 감칠맛, 비네거의 산미를 확실히 살려
존재감이 강한 맛이다. 샐러드뿐만 아니라
육류요리나 생선요리에도 잘 어울리기 때문에
다양한 요리에 사용할 수 있다.

재료

안초비 14마리
블랙 올리브 15g
마늘 1/2쪽
쉐리 와인 비네거 20g
E.V.올리브 오일 150g

만드는 방법

1 믹서에 E.V.올리브 오일 이외의 재료
  를 넣고 곱게 갈아준다.
2 1에 E.V.올리브 오일을 조금씩 넣어
  가며 잘 섞는다.

보존방법·기간

1주일간 냉장 보존 가능

용도

다양한 요리에 사용할 수 있는 만능 소스입니다. 예를 들어
채소요리라면 **구운 채소**에 곁들이거나 **샐러드** 드레싱으로
사용하면 좋습니다. 생선은 **흰살생선**이나 **등 푸른 생선**과
잘 어울립니다. 특히 뼈째 구운 **광어** 스테이크와 궁합이
좋습니다. 육류는 **소고기, 돼지고기, 닭고기, 오리고기, 어린
양고기** 등에 곁들일 수 있습니다.
(아라이 노보루/레스토랑 오마주)

앙쇼야드 소스를 곁들인 파프리카와 여름 채소 샐러드

(아라이 노보루/레스토랑 오마주)

향초(香草)가 들어간 오일로 마리네한 파프리카를
안초비의 감칠맛을 살린 비네그레트를 곁들여 먹는
샐러드. 여름 채소를 듬뿍 올려 보기에도 예쁜 샐러드로
완성했다. (만드는 방법 → p.194)

앙쇼야드 소스를 곁들인
병어 푸알레

(아라이 노보루/레스토랑 오마주)

생선살이 부드러운 병어를 껍질부터 구워 겉은 바삭하고 생선살은
촉촉한 푸알레. 여기에 안초비의 감칠맛과 비네거의 산미를 살린
비네그레트 소스를 곁들였다. (만드는 방법 → p.195)

새우 육수 비네그레트

새우의 감칠맛을 더한 비네그레트

새우 머리 엑기스를 넣어 만든 비네그레트.
사진은 오말 새우를 사용했지만 게나 다른
종류의 새우로도 충분히 맛있는 소스를 만들
수 있다.

재료

오말 새우 머리 육수

아래 분량으로 만들어 30g 사용

오말 새우* 머리 600g
양파(얇게 자른다) 1개
당근(얇게 자른다) 1개
셀러리(얇게 자른다) 2개
마늘(가로로 반을 자른다) 한 통
타임Thyme 2줄기
월계수 잎(생) 2장
토마토 페이스트 100g
코냑(알코올을 날린 것) 60ml
화이트 와인 150ml
올리브 오일 적당량

비네그레트(p.197) 200g

* 오말 새우가 없을 경우에는 게의 내장이나
다른 종류의 새우 머리를 사용해도 괜찮다.

만드는 방법

1. 오말 새우 육수를 만든다
   1. 프라이팬에 올리브 오일을 두르고 강
      한 불로 오말 새우의 머리를 나무주
      걱 등으로 으깨면서 고소한 향이 날
      때까지 10~15분 정도 볶는다.
   2. 냄비에 1과 다른 재료를 넣고 끓인다.
   3. 끓기 직전에 약한 불로 줄이고 거품
      을 걷어낸다. 약불로 40분 정도 끓인
      다음 걸러준다.
2. 볼에 식힌 오말 새우 머리 육수와 비
   네그레트를 넣고 핸드 블렌더로 섞
   는다.

보존방법·기간

냉장으로 1주일간, 냉동으로 한 달 간 보
존 가능

용도

콩피튀르 드레싱

채소 본연의 풍미를 살린 맛

채소 콩피튀르Confiture를 사용한 드레싱. 무농약 채소 샐러드에 사용한다. 채소 본연의 단맛을 살린 콩피튀르를 사용하여 무농약 채소 특유의 풍미와 채소 본연의 단맛이 한층 더 돋보인다.

재료

A
- 양파(작게 다진다) 300g
- 토마토 콩피튀르* 800g
- 쉐리 와인 비네거 100g
- E.V.올리브 오일 150g

라임즙 소량
소금 8g

* 나라 현 요시노에 있는 'Confiture fumi'의 토마토 콩피튀르를 사용

만드는 방법

1 볼에 **A**를 넣고 핸드 블렌더로 곱게 갈아준다.
2 라임즙과 소금으로 간을 한다.

보존방법·기간

20일간 냉장 보존 가능

무농약으로 재배한 잎채소와 제철 채소로 만든 **샐러드**의 드레싱으로 사용합니다. 사진은 토마토 콩피튀르를 넣어 만들었지만 저당도 마멀레이드나 유자차를 넣어도 괜찮습니다. (요코야마 히데키/(食)마시카)

발사믹 비네그레트

기본 드레싱에 감칠맛을 플러스

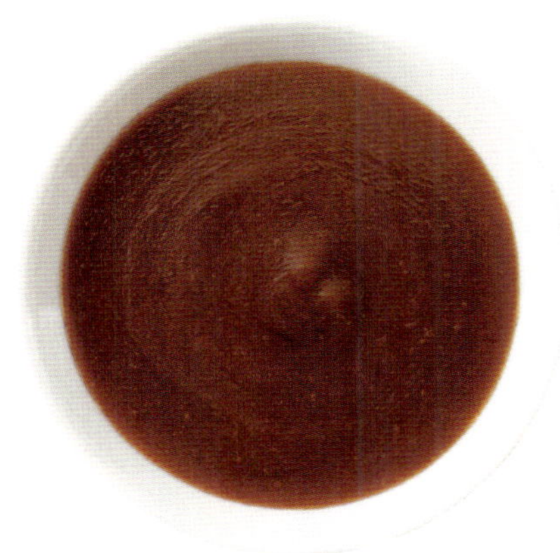

심플한 드레싱에 발사믹 식초와 꿀을 끓여서 넣어 감칠맛을 더했다.

재료

비네그레트(p.11) 30g
발사믹 소스* 5g

* 발사믹 소스 만드는 법: 발사믹 식초(200ml) 게 꿀(7.5ml)을 넣고 약한 불로 걸쭉해질 때 까지 졸인다.

만드는 방법

1 비네그레이트와 발사믹 소스를 섞는다.

보존방법·기간

1주일간 냉장 보존 가능

모든 **샐러드**에 사용할 수 있습니다. (곤노 마코토/오르간)

고기 육수 비네그레트

닭고기 육수를 넣은 비네그레트

푹 끓여서 감칠맛이 우러난 닭고기 육수를
넣은 비네그레트. 진한 감칠맛을 강한 산미로
완화시켰다. 소스 자체의 맛이 완성도가 높아
어떤 재료와도 잘 어울린다.

재료

닭고기 육수 jus de volaille
아래 분량으로 만들어 30g 사용
- 닭 뼈 6kg
- 에샬롯 12g
- 마늘 40g
- 물 12L
비네그레트(p.197) 200g

만드는 방법

1. 닭고기 육수를 만든다.
1. 냄비에 물(분량 외)을 끓여 닭 뼈를 담가 핏물을 뺀 다음 흐르는 물에 깨끗하게 씻는다.
2. 다른 냄비에 1과 그 외의 재료를 넣고 85℃의 스팀 컨벡션 오븐에 약 10시간 정도 가열한다.
3. 2를 걸러 냄비에 붓고 약한 불로 거품을 걷어내면서 약 1/10정도의 양이 될 때까지 4시간 정도 끓인다.
2. 1을 식혀서 볼에 담은 다음 비네그레트를 넣고 핸드 블렌더로 섞는다.

보존방법·기간

냉장으로는 1주일간, 냉동으로는 1개월간 보존 가능

용도

소스 자체의 감칠맛이 강해서 **어떤 재료와 섞어도 맛있는 요리**로 완성됩니다. **채소인 경우에는 데치거나 구운 채소**에 곁들이면 좋습니다. 생선이라면 **벤자리나 옥돔 푸알레**와 같은 요리와 잘 어울리고, 육류요리에 사용할 경우에는 허브나 향신료를 가미해주면 좋습니다. 예를 들어 **소고기**에는 산초열매나 잎, **돼지고기**에는 월계수 잎, **닭고기**에는 세이지처럼 고기에 따라 첨가하는 향신료나 허브에 변화를 줍니다. 향신료나 허브는 만드는 방법 1의 3과정이 끝난 후에 첨가한 다음 한소끔 끓인 다음 사용합니다. (아라이 노보루/레스토랑 오마주)

생강 비네그레트

생강과 감귤류를 넣어 맛이 깔끔하다

심플한 비네그레트에 생강과 감귤류의 상큼한
맛을 더해 산뜻한 드레싱으로 만들었다.

재료

A
- 생강즙 25g
- 오렌지 마멀레이드 잼 70g
- 레드 와인 비네거 60ml
- 화이트 와인 비네거 40ml
- 디종 머스터드 60g
- 소금 4g

E.V.올리브 오일 300g

만드는 방법

1 **A**를 볼에 넣고 거품기로 섞으면서
소금을 녹인다.

2 **1**에 E.V.올리브 오일을 조금씩 넣어
가며 거품기로 섞는다.

보존방법·기간

1주일간 냉장 보존 가능

용도

산뜻한 **샐러드**를 만들고 싶을 때 사용하면 좋습니다.
생강과 궁합이 잘 맞는 재료와 어울리기 때문에 회나
완전히 익히지 않은 어패류(**흰살생선회, 가리비
관자, 오징어, 문어** 등)나 **표면을 살짝 구운 생선**을
넣은 샐러드에 맞습니다. 또 오렌지가 들어가서
감귤류를 넣은 샐러드에도 잘 어울립니다.
(곤노 마코토/오르간)

느억 쩜 드레싱

베트남 스타일 드레싱

베트남에서는 가장 일반적인 소스인 느억 쩜Nuoc cham에
갈릭 오일을 첨가하여 변화를 주었다.

재료

느억 쩜(p.150) 3큰술
갈릭 오일(p.72) 1큰술

만드는 방법

1 느억 쩜과 갈릭 오일을 잘 섞는다.

보존방법·기간

2~3일간 냉장 보존 가능

용도

뿌려주기만 하면 샐러드가 베트남 스타일로
변하는 드레싱입니다. <u>익히지 않은 채소
샐러드</u>는 물론 살짝 데친 <u>숙주나물과 닭고기
샐러드</u>처럼 데친 고기나 채소로 만든
샐러드에도 어울리는 드레싱입니다.
(아다치 유미코/마이마이)

고수 드레싱

여름에 어울리는 시원한 향

재료

고수(작게 다진다) 100g
프랑부아즈 비네거 25g
화이트 와인 비네거 25g
중국 간장(생추왕) 25g
E.V.올리브 오일 100g

만드는 방법

ㅣ 모든 재료를 푸드 프로세서에 넣고
곱게 갈아준다.

보존방법·기간

고수의 색과 맛이 변하기 쉽기 때문에
만들어서 그날 모두 사용한다.

가지 고추 샐러드(아래)처럼 여름 채소를 구워서 만든
샐러드에 잘 어울립니다.
(니시오카 히데토시/렌게 에크리오시티)

고수를 듬뿍 넣어 시원한 향을 즐길 수 있는 드레싱.
더운 여름철 샐러드에 사용하면 다른 드레싱으로는
흉내 낼 수 없는 청량감을 연출할 수 있다.

가지 고추 샐러드

(니시오카 히데토시/렌게 에크리오시티)

직화로 구운 여름 채소를 고수가 듬뿍 들어간 드레싱으로
버무린 차가운 에피타이저. 고수의 산뜻한 풍미가 뜨거운
태양빛을 받고 자란 채소의 진한 감칠맛을 한층 더
돋보이게 해준다.

만드는 방법 2인분

ㅣ 구운 가지(180g)와 석쇠를 이용하
여 직화로 구운 오크라와 고추(각각
3개)를 먹기 좋은 크기로 잘라 고수
드레싱(60g)으로 버무려준다.

심플한 샐러드 드레싱

산뜻한 베트남 드레싱

익히지 않은 채소로 만든 샐러드에 사용하는 베트남 드레싱. 동남아시아의 콩 간장 시즈닝 소스에 식초, 설탕, 소금, 후추를 넣은 심플한 구성이다. 오일을 넣지 않아서 맛이 산뜻하다.

재료

시즈닝 소스 15ml
쌀 식초 30ml
A 그라뉴당 4작은술
소금 1/4작은술
흑후추 적당량
튀긴 양파* 적당량

* 사진은 동남 아시아산 작은 양파를 사용하였다. 태국이나 베트남 식재료를 파는 가게에서 구입할 수 있다.

만드는 방법

Ⅰ **A**의 조미료를 모두 섞은 다음 튀긴 양파로 토핑 한다.

보존방법·기간

필요한 분량만큼 만들어 바로 사용한다.

용도

베트남에서는 오이, 양파, 토마토, 양상추처럼 익히지 않은 채소 샐러드에 뿌려서 먹는 경우가 많습니다. 오이 샐러드, 햇양파 양상추 샐러드, 고수 샐러드, 심플한 잎채소 샐러드와 같은 채소 샐러드용 드레싱으로 사용하면 좋습니다.
오일을 넣지 않아 산뜻한 샐러드로 완성되기 때문에 튀김요리에 곁들이면 어울립니다. 기름진 요리를 먹을 때 입가심 역할을 하는 샐러드의 드레싱으로 좋습니다.
사진은 튀긴 양파를 토핑 하여 감칠맛을 더해주었지만 토핑을 하지 않아도 맛이 깔끔하고 맛있습니다.
(아다치 유미코/마이마이

카레 비네그레트

이국적인 맛을 내고 싶을 때 어울리는 드레싱

카레가루와 마멀레이드 잼을 넣은 드레싱. 샐러드에
이국적인 맛을 내고 싶을 때나 감칠맛과 단맛을 내고
싶을 때 사용하면 좋다.

재료

A
- 카레가루 1.5g
- 오렌지 마멀레이드 잼 45g
- 마늘 콩피(p.110) 4쪽
- 레드 와인 비네거 60ml
- 화이트 와인 비네거 80ml
- 디종 머스터드 90g
- 소금 3g

E.V.올리브 오일 200g

만드는 방법

1. A를 볼에 넣고 소금이 녹을 때까지 거품기로 섞는다.
2. 1에 E.V.올리브 오일을 조금씩 넣어가며 거품기로 섞는다.

보존방법·기간

1주일간 냉장 보존 가능

용도

쿠스쿠스나 렌틸콩이 들어간 샐러드의 드레싱으로
어울립니다. **와일드 라이스, 오곡미, 퀴노아**와 같은
곡물과 채소를 이 드레싱으로 버무려 에피타이저
요리에 곁들이면 맛에 포인트를 줄 수도 있습니다.
(곤노 마코토/오르간)

칠리 소스 드레싱

부드러운 산미와 매운맛

매콤하면서 단맛과 산미가 느껴지는 드레싱.
핫 칠리 소스가 들어가서 약간 걸쭉하다.
부드러운 매운맛이 나기 때문에 산뜻한 식재료와
잘 어울린다.

재료

A
- 핫 칠리 소스* 5ml
- 느억 맘 15ml
- 마늘(잘게 다진다) 1작은술
- 레몬즙 45ml

그라뉴당 2큰술
뜨거운 물 15ml

* 홍고추, 마늘, 양파 등으로 만드는 동남아
시아의 매운 소스, 태국이나 베트남 식재료
를 파는 곳에서 구입이 가능하다.

만드는 방법

1. 그라뉴당을 뜨거운 물에 녹인다.
2. 1과 A를 섞는다.

보존방법·기간

3~4일간 냉장 보존 가능

용도

저희 마이마이 레스토랑에서는 **연꽃 줄기 샐러드**에 사용하는
드레싱입니다. 일본에는 연꽃 줄기 캔이 수입되는데 연꽃
줄기 대신에 **연근**을 얇게 썰어 살짝 데쳐서 만든 샐러드에
뿌려주어도 괜찮습니다. 그리고 **새우나 오징어**와 같은
어패류와도 잘 어울립니다. **닭고기 샐러드, 무와 게 샐러드,
셀러리 샐러드** 등에 사용하는 것도 추천합니다.
(아다치 유미코/마이마이)

매운 드레싱

매운맛을 좋아하는 분을 위한 드레싱

생 홍고추를 사용하여 매운맛이 강한 드레싱. 재료를
으깨어 만드는 동남아시아의 테크닉을 이용하여
고추와 고수의 향과 맛을 끌어낸다.

재료

A
생 홍고추 5개
그수 줄기나 뿌리 5g
마늘 30g
라임즙 50ml
그라뉴당 4큰술

느억 맘 90ml

만드는 방법

1 볼이나 절구에 **A**를 넣고 빻아준다.
2 1에 느억 맘을 넣어 섞는다.

보존방법·기간

3~4일간 냉장 보존 가능

용도

매운맛이 강하기 때문에 기름기가 많거나 쓴맛이
나는 식재료와 궁합이 잘 맞고 어패류에도 어울리는
드레싱입니다. 태국식 당면 샐러드인 **얌운센**에
곁들이거나 **비터 멜론 새우 샐러드, 파파야 샐러드,
오징어 셀러리 샐러드**에 가장 어울리는 드레싱입니다.
갈릭 오일(p.72)과 섞어서 사용해도 좋습니다.
(아다치 유미코/마이마이)

사테 드레싱

매운맛과 상큼한 향

사테는 레몬그라스, 마늘, 홍고추가 들어간
베트남의 향미유이다. 여기에 레몬 등을 넣어 만든
드레싱으로 상큼한 향과 단맛을 즐길 수 있다.

재료

사테(p.153) 10ml
핫 칠리 소스(p.24) 20ml
느억 맘 15ml
그라뉴당 1.5작은술
레몬즙 30ml

만드는 방법

1 모든 재료를 섞는다.

보존방법·기간

1~2일간 냉장 보존 가능

용도

흰살생선회와 **채소**나 **허브**(민트, 햇양파, 숙아 낸 채소)
로 샐러드를 만들 때 소스로 사용합니다. 흰살생선회
대신 **오징어, 문어, 새우**를 사용해도 맛있습니다.
또 **흰살생선, 오징어, 새우를 튀겨서 찍어 먹는 소스**로
사용해도 잘 어울립니다. (아다치 유미코/마이마이)

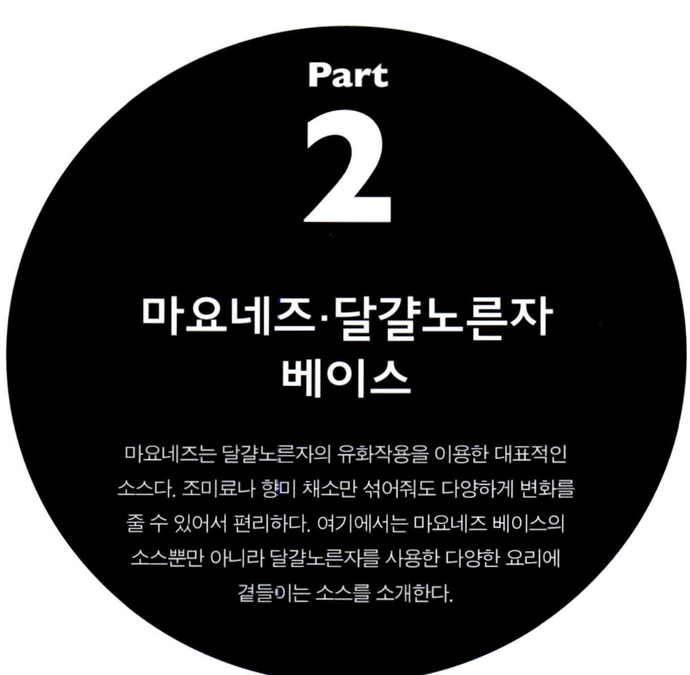

마요네즈

향이 좋은 식초를 사용하여 고급스러운 맛으로

재료

달걀노른자 1개
디종 머스터드 15g
쉐리 와인 비네거 10g
A* | 땅콩 오일 100g
| E.V.올리브 오일 100g
소금 두 꼬집
백후추 적당량

* **A**는 섞어서 주둥이가 좁은 용기에 넣어
둔다.

보존방법·기간

1~2일간 냉장 보존 가능

기름은 조금씩 넣어주고 거품기는 반드시
같은 방향으로 저어주어야 한다. 중간에 섞는
방향을 바꾸거나 손을 멈추면 유화가 되지 않고
분리되기 쉽다.

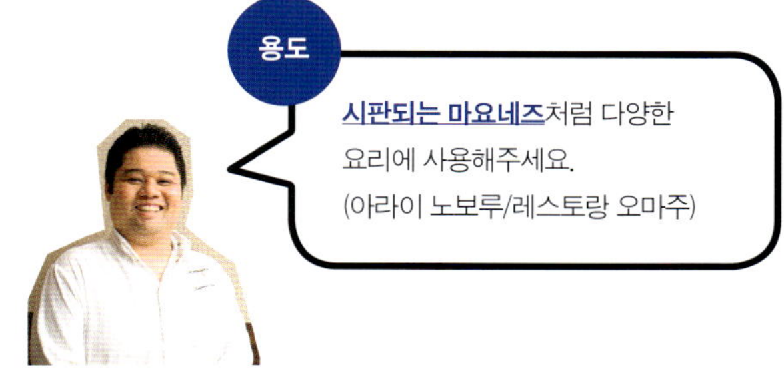

1 볼에 달걀노른자, 디종 머스터드, 쉐리 와인 비네거를 넣는다.

2 소금을 넣고 백후추를 뿌린다.

3 거품기로 섞는다.

4 완전히 섞였으면, 섞으면서 **A**의 기름을 몇 방울 넣는다. 기름을 넣기 시작하면 마요네즈가 완성될 때까지 손을 멈추지 않고 거품기의 방향을 바꾸지 않는다.

5 완전히 유화되면 같은 방향으로 섞으면서 기름을 몇 방울 더 넣어준다. 기름의 반을 사용할 때까지 몇 방울씩 넣어주는 작업을 반복한다.

6 기름을 1/3 정도 넣어준 상태. 조금 걸쭉해진다.

7 기름의 반을 섞어주었으면 한 번에 넣는 기름의 양을 조금 늘려준다. 섞으면서 사진처럼 실을 늘어뜨리듯 기름을 더 넣어준다.

8 완전히 유화되었으면 계속 섞으면서 기름을 **7**처럼 조금 더 넣는다.

9 **8**에 넣은 기름이 완전히 유화된 상태. 이 작업을 기름이 없어질 때까지 반복한다.

10 기름을 모두 사용한 상태. 사진처럼 부드러운 상태가 될 때까지 확실히 유화시켜주는 것이 중요하다.

타르타르 소스

속재료가 듬뿍 들어가 먹는 만족감이 충분하다

직접 만든 마요네즈에 삶은 달걀과 양파 등을 듬뿍
넣어 먹는 만족감을 느낄 수 있는 타르타르 소스.
케이퍼의 산미가 산뜻함을 더해주고 코르니숑의
꼬들꼬들한 식감이 좋다.

재료

마요네즈(p.26) 15g
삶은 달걀(완숙, 잘게 다진다) 1/2개
양파(잘게 다진다) 1/4개
케이퍼(잘게 다진다) 5g
코르니숑*(잘게 다진다) 20g
이탈리안 파슬리(잘게 다진다) 적당량

＊ 작은 오이 피클

만드는 방법

Ⅰ 볼에 모든 재료를 넣고 섞는다.

보존방법·기간

만들어서 그날 모두 사용한다.

용도

일반적으로 **튀김**에 곁들이거나 **샌드위치**에
사용하지만 **전채 요리**나 **어뮤즈***에 사용하는 경우도
있습니다. 예를 들어 작은 글라스에 브랑다드(p.79),
타르타르 소스, 가스파초를 층층이 올려주면 식감과
맛을 즐길 수 있는 어뮤즈가 됩니다.
(아라이 노보루/레스토랑 오마주)

＊ 어뮤즈: 프랑스 코스 요리에서 주문 전에 나오는 간단한
음식

말린 조개관자 에샬롯 타르타르 소스

고소하고 가벼운 식감의 토핑을 올린 소스

타르타르 소스에 바삭하게 구운 말린 조개관자와
에샬롯, 로스트 헤이즐넛을 토핑. 감칠맛과 고소함,
바삭한 식감을 즐길 수 있는 소스이다.

재료

타르타르 소스(위) 적당량
토핑 아래 재료 모두 적당량
말린 조개관자
에샬롯
헤이즐넛
튀김용 기름

만드는 방법

Ⅰ 토핑을 만든다.
Ⅰ 말린 조개관자는 1시간 정도 물에 담
가둔다. 가볍게 짜서 물기를 제거하
고 160℃의 튀김용 기름에 5~6분 튀
긴다.
2 에샬롯은 얇게 썰어 160℃의 튀김용
기름에 바삭하게 튀긴다.
3 헤이즐넛은 180℃로 예열한 오븐에
3~5분간 굽는다.
2 먹기 전에 타르타르 소스에 토핑을
올린다.

보존방법·기간

타르타르 소스와 말린 조개관자는 그날
모두 사용한다. 헤이즐넛은 1주일간 냉
장 보관 가능

용도

위의 타르타르 소스에 고소한 식재료를 토핑 하여 변화를
주었습니다. **타르타르 소스와 같은 용도**로 사용하고 이외에
로스트 치킨, 삶은 닭고기, 생선 푸알레에 곁들여도 좋습니다.
(아라이 노보루/레스토랑 오마주)

말린 조개관자
에샬롯
타르타르 소스를
곁들인
테트 드 프로마쥬
프라이

(아라이 노보루/레스토랑 오마주)

돼지머리로 만든 테린 '테트 드 프로마쥬 Tête de Fromage'를 한입 크기로 잘라 튀긴 다음 튀김요리나 테트 드 프로마쥬와 잘 어울리는 타르타르 소스를 곁들였다. 토핑의 바삭함, 젤라틴의 쫄깃쫄깃함, 돼지머리의 탄력과 식감의 밸런스를 즐길 수 있는 요리이다.

재료 1인분

테트 드 프로마쥬

아래 분량으로 만들어 3.5㎝ 크기로 자른 한 조각

 돼지머리 한 마리분
 양파(세로로 자른다) 1개
 당근(세로로 자른다) 1개
 셀러리(반으로 자른다) 1줄기
 에샬롯(잘게 다진다) 1개
 머시룸(잘게 다진다) 1kg
 화이트 와인 적당량
 머스터드 분말 120g
 쉐리 와인 비네거 50㎖
 소금 한 꼬집
말린 조개관자 에샬롯 타르타르 소스 (p.28) 적당량
박력분, 달걀물, 빵가루 적당량
올리브 오일, 튀김용 기름 적당량
소금, 후추 적당량

만드는 방법

1 테트 드 프로마쥬를 만든다.

 1 돼지머리는 뼈를 제거하고 버너로 표면의 털을 태운 다음 흐르는 물에 깨끗하게 씻는다.

 2 냄비에 1을 넣고 소금과 충분한 양의 물을 넣고 끓인다. 거품을 제거하고 양파, 당근, 셀러리를 넣은 다음 뚜껑을 덮고 돼지머리가 부드러워질 때까지 약불에 약 1시간 3C분 정도 삶는다.

 3 2는 걸러서 돼지머리와 육수를 분리하고 채소는 버린다. 돼지머리는 3~4㎜ 정도의 크기로 작게 자른다. 거른 육수는 약 100㎖가 될 때까지 끓인다.

 4 냄비에 올리브 오일을 두르고 약불에 에샬롯을 볶는다. 에샬롯의 숨이 죽으면 머시룸을 넣고 중불에 볶는다. 수분이 없어지면 화이트 와인을 넣어 향을 첨가하고 소금과 후추로 간을 한다.

 5 4에 3의 육수와 돼지머리, 머스터드 분말, 쉐리 와인 비네거를 넣고 한 번 끓인다. 틀에 부어 식힌 다음 냉장고에서 차갑게 굳힌다.

2 1을 3.5㎝ 크기의 주사위 모양으로 잘라 박력분, 달걀물, 빵가루 순으로 입힌 다음 달걀물과 빵가루를 한 번 더 입힌다. 160℃의 튀김용 기름에 바삭하게 튀겨서 여분의 기름을 제거한다.

3 2를 접시에 담고 말린 조개관자 에샬롯 타르타르 소스를 올린다.

타르타르 소스

시판되는 마요네즈를 사용하여 안정된 맛으로

삶은 달걀(완숙) 20개
양파(잘게 다진다) 600g

A
마요네즈 2kg
케이퍼(초절임, 굵게 다진다) 100g
케이퍼 초절임액 소량
쪽파(작게 자른다) 150g
흑후추 소량

소금 적당량

1 삶은 달걀은 에그 슬라이서로 자른 다음 방향을 90도 바꾸어 한 번 더 자른다.

2 양파는 가볍게 소금을 뿌린 다음 20분 정도 둔다. 면포에 싸서 물기를 확실히 제거한다.

3 볼에 **1**, **2**, **A**를 넣고 잘 섞는다.

냉장으로 2주일간, 냉동으로 1개월간 보존 가능

시판되는 마요네즈를 사용하여 만든 타르타르 소스. 시판되는 마요네즈를 사용하기 때문에 맛이 안정적이고 보존성도 높다. 양파는 면포로 물기를 확실히 제거해줌으로써 매운맛은 감소하고 식감은 더 좋아진다.

치킨난반(아래 사진, 만드는 방법 → p.135) 이외에 굴 튀김이나 새우 튀김과 같은 튀김요리와 잘 맞습니다. 샌드위치 소스로도 인기가 많습니다.
(요코야마 히데키/(食)마시카)

치킨난반

(요코야마 히데키/(食)마시카)

치킨난반에 소스를 듬뿍 올려주었다. (만드는 방법 → p.135)

할라페뇨 타르타르 소스

매운 타르타르 소스

할라페뇨가 들어간 독특한 타르타르 소스. 상큼하게 매운맛이 특징이다. 고수를 넣어 색과 향을 더해주었다.

재료

삶은 달걀(완숙, 잘게 다진다) 6개
할라페뇨(초절임, 잘게 다진다) 50g
마요네즈 500g
고수(잘게 다진다) 20g
양파(잘게 다진다) 100g

만드는 방법

1 볼에 모든 재료를 넣고 섞는다.

보존방법·기간

2~3일간 냉장 보존 가능

용도

변화를 준 타르타르 소스로 **튀김요리**에 곁들이는 소스로 사용합니다. **튀김**이라면 **채소, 육류, 생선** 등 어떤 식재료에도 잘 어울립니다. 취향에 따라 향신료를 첨가해도 좋습니다.
(나카무라 히로시/아시엔다 델 시에로)

갈릭 마요네즈

간단하게 아이올리의 맛을 낼 수 있다

다진 마늘과 감귤류의 즙을 넣은 마요네즈 소스. 만드는 방법은 간단하지만 아이올리aïoli의 맛을 낼 수 있다. 유자 대신에 라임을 사용하면 아시아풍의 맛이 나고 레몬을 사용하면 산미가 더 강해져 서양풍의 맛이 난다.

재료

마요네즈* 200g
마늘(다진다) 큰 것으로 1쪽
라임즙(레몬즙) 1/8개분

* 비스트푸드 '리얼 마요네즈'를 사용

만드는 방법

1 마요네즈에 다진 마늘을 넣고 섞는다.
2 1에 라임즙(레몬즙)을 넣고 가볍게 섞는다.

보존방법·기간

4~5일간 냉장 보존 가능

용도

튀김요리와 완벽하게 어울립니다. 어떤 재료에도 어울리지만 특히 어패류 중에서는 **흰살생선**과 **오징어, 새우**와 잘 어울리고 채소는 **콜리플라워**와 잘 어울립니다.
채소스틱(파프리카, 당근, 오이 등)에 곁들여도 좋습니다. 또 감자튀김이나 **삶은 감자**에 곁들여도 맛이 일품입니다.
화이트 아스파라거스 통조림에 곁들이면 가벼운 술안주가 됩니다. 잘게 다진 고수나 딜을 넣어주면 또 다른 맛을 즐길 수 있습니다. 취향에 따라 한번 넣어보세요.
(아다치 유미코/마이마이)

씨엔딴 타르타르 소스

중국 식재료를 사용한 감칠맛이 나는 소스

타르타르 소스에 중국 식재료를 넣어 변화를
주었다. 소금 달걀의 농후한 맛과 중국식 무장아찌인
자차이의 짠맛이 더해져 감칠맛이 나는 독특한
타르타르 소스이다.

재료

씨엔딴 노른자* 5개
달걀 1개
면실유 200㎖

A
자차이(잘게 다진다) 20g
쉐리 와인 비네거 15g
중국 산초 적당량

* 씨엔딴咸蛋: 씨엔딴은 거위나 닭의 알을 소
금물에 절인 발효식품이다. 여기서는 중국
에서 수입한 익힌 노른자의 냉동품을 사용
했다.

만드는 방법

1 달걀과 면실유를 볼에 넣고 핸드 블
렌더로 섞어서 유화시킨다.
2 씨엔딴의 노른자를 5분 정도 쪄서 으
깬다.
3 1에 2와 A를 넣고 섞는다.

보존방법·기간

3일간 냉장 보존 가능

용도

돼지불고기 햄버거

(니시오카 히데토시/렌게 에크리오시티)

돼지고기 패티를 천면장 소스(p.146)와 씨엔딴 타르타르 소스(상기)
와 함께 빵 사이에 넣어 만든 중화풍 햄버거(만드는 방법 → p.147)

씨엔딴 타르타르 소스를 곁들인 대합 튀김

(니시오카 히데토시/렌게 에크리오시티)

대합은 가볍게 튀겨 튀김옷 안에서 감칠맛이
빠져나가지 않게 한다. 농후한 타르타르 소스가
대합의 감칠맛을 더욱 살려준다.

재료 1인분

대합* 1개
씨엔딴 타르타르 소스(p.32) 적당량
튀김옷 아래 분량에서 적당량
　박력분 100g
　인스턴트 드라이 이스트 3g
　그라뉴당 1g
　물 120㎖
어린 잎채소 적당량
튀김용 기름 적당량

* 70~80℃로 가열한 후 진공 포장한 것을
　사용

만드는 방법

1 튀김옷을 만든다. 볼에 박력분, 인스턴
트 드라이 이스트, 그라뉴당을 넣고 섞
은 다음 물을 넣고 거품기로 섞는다. 랩
을 씌우고 냉장고에서 12시간 정도 숙성
시킨다.

2 대합은 살을 발라내고 껍데기는 접시에
담을 때 사용하므로 버리지 않고 둔다.
대합에 박력분(분량 외)을 묻히고 **1**의 튀
김옷을 입힌다. 180℃의 튀김용 기름에
바삭하게 튀겨 기름을 제거한다.

3 접시에 어린 잎채소를 깔고 그 위에 대합
껍데기를 올린다. 대합 껍데기에 **2**의 대
합 튀김을 올리고 씨엔딴 타르타르 소스
를 곁들인다.

민트 드라이 토마토 타르타르 소스

산뜻한 산미와 향

민트 향과 드라이 토마토의 산미, 서로 다른
두 종류의 산뜻함을 더한 여름에 어울리는 소스

재료

삶은 달걀 2개
양파(잘게 다진다) 1/2개
케이퍼(잘게 다진다) 1큰술

A
직접 만든 드라이 토마토(p.197, 잘게
다진다) 3개
마요네즈 50g
디종 머스터드 1작은술
화이트 와인 비네거 10㎖
후추 적당량

민트 1인분에 2장

만드는 방법

I 삶은 달걀은 고운 체에 내린다.
2 양파와 케이퍼는 키친타월로 감싸 물
기를 제거한다.
3 I, 2, A를 섞는다. 먹기 전에 민트를
얇게 채썰어 올린다.

보존방법·기간

3~4일간 냉장 보존 가능

용도

민트 드라이 토마토 타르타르 소스를 곁들인
가리비 주키니 프라이

(요네야마 다모쓰/포쓰라포쓰라)

가리비와 주키니를 얇게 썰어 겹쳐서 튀겼다. 민트와 토마토의 산뜻함을 더한
타르타르 소스를 곁들여 무거운 느낌이 들기 쉬운 튀김요리를 보완해주었다.

재료 1인분

가리비 관자 1개
주키니 적당량
민트 드라이 토마토 타르타르 소스
(위) 적당량
박력분, 달걀물, 빵가루 적당량
튀김용 기름 적당량

만드는 방법

I 가리비 관자는 두께가 3등분이 되도록
자른다.
2 주키니는 I에서 자른 가리비 관자와 같
은 두께로 잘라서 2장 준비한다.
3 2의 양면에 박력분을 가볍게 묻힌다. 가
리비 관자와 주키니를 가리비 관자가 양
쪽 끝에 오도록 서로 겹친다.

4 3에 박력분을 얇게 묻히고 달걀물에 담
갔다가 빵가루를 입힌다. 180℃의 튀김
용 기름에 바삭하게 튀겨 여분의 기름을
제거한다.
5 접시에 4를 올리고 민트 드라이 토마토
타르타르 소스를 작은 접시에 담아 곁들
인다.

유자 후추 마요네즈

마요네즈에 산뜻한 매운맛과 산미를 더해주었다

마요네즈에 유자 후추를 섞어서 산뜻하게 매운
마요네즈 소스를 만들었다. 레몬의 산미를
더해줌으로써 이국적인 독특한 풍미가 생긴다.

재료
유자 후추 10g
마요네즈* 120g
레몬즙 5㎖

* 베스트 푸드 '리얼 마요네즈'를 사용

만드는 방법
▌ 모든 재료를 섞는다.

보존방법·기간
1~2일간 냉장 보존 가능

용도

바삭하게 구운
닭 다리살 반미

(아다치 유미코/마이마이)

반미는 베트남식 샌드위치로 구운 닭고기를 느억 맘 베이스의 소스에 버무려
채소와 함께 바게트 사이에 넣은 것이다. 유자 후추 마요네즈의 부드러운
감칠맛과 산뜻한 매운맛이 바삭한 닭고기와 잘 어울린다.

재료 2 인분

바게트(16~20㎝* 2개
닭다리 살 1장(약 250g)
유자 후추 마요네즈(위) 2큰술
느억 맘 소스(p.158) 적당량
단식초에 절인 채소
아래 분량에서 적당량
무 250g
당근 80g
소금 한 꼬집
단식초
　쌀 식초 50㎖
　그라뉴당 3큰술
　물 30㎖
마가린 2큰술

홍고추(작게 자른다) 적당량
고수 적당량
시즈닝 소스 적당량
흑후추 적당량
샐러드유 적당량

* 바게트는 겉은 바삭하고 속은 촉촉한 것이
좋다. 야마자키 제빵의 '스페셜 파리지엥'(길
이 36㎝) 같은 큰 제빵회사의 프랑스 빵이
나 오래된 빵집에서 파는 프랑스 빵을 사용
하는 것이 좋다. '스페셜 파리지엥'을 사용할
경우에는 한 개로 2인분을 만든다.

1 단식초에 채소를 절인다.

1 냄비에 단식초의 재료를 넣고 그라뉴당이 녹을 때까지 끓이다가 식힌다.

2 무와 당근은 껍질을 벗기고 4~5㎝ 길이로 채 썰어 소금을 뿌리고 5분 동안 그대로 둔다.

3 2의 수분을 제거한다. 1의 단식초에 30~40분간 절인 다음 수분을 제거한다.

2 프라이팬에 1㎝ 정도 높이로 샐러드유를 넣고 닭 다리살의 양면을 구워서 여분의 기름을 제거한다.

3 2가 뜨거울 때 느억 맘 소스에 버무린 다음 세로로 반을 자른다.

4 바게트는 180℃로 예열한 오븐에 5~6분 정도 굽는다.

5 4에 수평으로 칼집을 넣어 안쪽에 마가린을 바른다. 3의 닭고기살을 넣고 고기 위에 유자 흑후추 마요네즈, 단식초에 절인 채소 순으로 올린다. 흑후추를 뿌리고 홍고추와 고수를 올린 다음 시즈닝 소스를 뿌린다.

포테이토칩 참치 마요네즈

어린 시절 추억이 떠오르는 맛

재료

포테이토칩 200g
참치 통조림 185g
마요네즈 100g

만드는 방법

1 참치와 마요네즈를 섞는다.
2 포테이토칩을 넣고 적당한 크기로 부수어질 때까지 섞는다.

보존방법·기간

2일간 냉장 보존 가능하지만 만들어서 바로 먹는 것이 가장 맛있다.

간단하게 만들 수 있는 소스로 알아두면 편리하다. 바로 만들어서 포테이토칩의 바삭함이 남아있을 때가 가장 맛있다. 포테이토칩은 짭짤한 맛 이외에 다양한 종류를 사용하여 변화를 줄 수 있다.

용도

어린 시절 어머니가 만들어주던 추억이 있는 맛입니다. 샌드위치의 속 재료로 최고입니다. 간단하게 만들 수 있지만 이 자체만으로도 충분히 맛있고 잎채소를 곁들이면 참치 마요네즈 샐러드가 됩니다. 삶은 감자와 섞어서 크로켓을 만들어도 좋습니다.
(요코야마 히데키/(食)마시카)

참치 마요네즈 샌드위치

(요코야마 히데키/(食)마시카)

포테이토칩 참치 마요네즈(위)로 만든 샌드위치. 시간이 지나 포테이토칩이 촉촉해져도 맛있다. 취향에 따라 양상추를 넣어주면 식감에 더 변화를 줄 수 있다

만드는 방법 1인분

1 식빵(2장) 끝을 잘라주고 한쪽 면에 버터와 연겨자를 바른다.
2 1의 식빵 사이에 포테이토칩 참치 마요네즈(100g)를 넣는다.

참치 살사 톤나타 소스

이탈리아의 부드러운 참치 소스

이탈리아의 북부 피에몬테 주의 전통적인 참치
마요네즈 소스이다. 부드러운 페이스트 소스로
육류에 곁들이는 것이 가장 일반적이다. 케이퍼의
산미, 안초비의 감칠맛과 짠맛으로 깊은 맛이 난다.

재료

참치 통조림 260g
케이퍼 10g
안초비 10g
화기트 와인 비네거 30g
마요네즈* 170g

* 마요네즈 만드는 방법: 볼에 달걀 1개, 달
 걀노른자 2개, 샐러드유 400㎖, 소금 4g,
 화인트 와인 비네거(30g)을 넣고 핸드 블
 렌더로 섞는다.

만드는 방법

Ⅰ 볼에 모든 재료를 넣고 핸드 블렌더
 로 부드러워질 때까지 섞는다.

보존방법·기간

3일간 냉장 보존 가능

용도

이탈리아의 피에몬테 주에는 이 소스를 삶은
<u>송아지 고기</u>에 곁들이는 전통적인 요리가 있습니다.
이탈리아에서는 육류 이외에 <u>삶은 달걀</u>에 곁들이는
정도밖에는 본 적이 없지만 참치 마요네즈처럼
사용해도 괜찮습니다. <u>삶거나 구운 돼지고기</u>에도
어울립니다. (오카노 유타/일 테아트리노 다 살로네)

느억 맘 마요네즈

튀김요리에 어울리는 아시아풍 마요네즈 딥

마요네즈에 느억 맘Nuoc Mam*을 섞은 아시아풍
딥. 마요네즈의 감칠맛에 느억 맘의 짠맛과
감칠맛이 더해져 튀김요리와 잘 어울리는
맛이다.

* 생선을 염장 후 발효시켜 만든 베트남의 생선장魚醬

재료

느억 맘 1/4작은술
마요네즈* 60g
고수(잘게 자른다) 적당량

* 베스트 푸드 '리얼 마요네즈'를 사용

만드는 방법

Ⅰ 모든 재료를 섞는다.

보존방법·기간

2~3일간 냉장 보존 가능

용도

<u>튀김요리</u>에 잘 어울립니다. <u>닭고기, 새끼
전갱이나 빙어와 같은 작은 생선, 오징어 다리
등의 튀김</u>에 곁들여보세요. 색감과 향을 더하기
위해 고수를 넣었지만 고수를 넣지 않아도
충분히 맛있습니다. 취향에 따라 조절해주면
좋을 것 같습니다. (아다치 유미코/마이마이)

금화햄 커스터드 크림

햄의 감칠맛을 즐길 수 있는 짠 크림

중국 금화햄의 감칠맛을 즐길 수 있는 짠 커스터드 크림. 생크림을 넣지 않고 만들었기 때문에 달걀의 깊은 맛을 느낄 수 있다.

재료

금화햄 콘소메

아래 분량으로 만들어 100㎖ 사용

| 금화햄 600g |
| 일본주 540㎖ |

A
- 파(5㎝ 길이로 자른 것) 4개
- 생강 60g
- 물 6L
- 갈은 닭 가슴살 1.5kg
- 파(잘게 다진다) 1뿌리
- 생강(잘게 다진다) 50g
- 토마토 1개

달걀노른자 1개
달걀 1개
박력분 3g
녹말가루 3g
버터 50g
금화햄(잘게 다진다) 3g

만드는 방법

1 금화햄 콘소메를 만든다.

1 금화햄을 일본주에 1시간 담가둔다.

2 냄비에 1과 **A**를 넣고 100℃의 스팀 컨벡션 오븐에 4시간 가열한다. 걸러서 하루 정도 숙성시킨다.

3 액체를 살짝 떠서 거른다.

2 다른 냄비에 달걀노른자와 달걀을 넣고 거품기로 섞은 다음 박력분과 녹말가루를 넣는다. 여기에 끓인 금화햄 콘소메를 조금씩 넣으면서 고무주걱으로 천천히 섞는다.

3 **2**를 약한 중불에 올리고 나무주걱으로 섞는다. 부글부글 끓어오르면서 달걀과 박력분, 녹말가루에 충분히 열이 가해졌으면 불을 끈다.

4 **3**이 뜨거울 때 버터, 금화햄 순으로 넣고 섞는다.

보존방법·기간

2일간 냉장 보존 가능

구운 빵 사이에 무화과와 같은 **과일**과 함께 넣어 **디저트처럼 보이는 참신한 전채 요리**를 만들 때 사용합니다. **춘권의 속 재료**로 사용하거나 크래커나 바삭하게 구운 바게트 등에 곁들여 먹어도 좋습니다. (니시오카 히데토시/렌게 에크리오시티)

생강 페르노 무슬린 소스

이국적이고 산뜻한 맛

에샬롯 대신 생강을, 화이트 와인 대신 페르노를
사용한 무슬린 소스Mousseline sauce. 이국적이고
산뜻한 맛이다.

재료

생강(얇게 저민다) 4장
페르노 30~40㎖
꿀 5㎖
달걀노른자 2개
녹인 버터 20g
레몬즙 15㎖
생크림(유지방 38%) 60㎖
　│ 딜 잎(잘게 다진다) 1장
A │ 타라곤 잎(잘게 다진다) 1/2장
　│ 치빌(잘게 다진다) 1/2장
물 60㎖
소금 적당량

보존방법·기간

시간이 지나면 기포가 사라지기 때문에
따뜻한 요리에 곁들일 경우에는 필요한
분량을 만들어 모두 사용한다. 남으면
차갑게 보관을 하여 샐러드나 마리네와
같은 차가운 요리에 곁들이는 소스로 다
음날까지 사용할 수 있다(p.43).

용도

아스파라거스에 일반적으로 사용하는 홀란데이즈
소스 대신에 이 소스를 곁들여 '생강 페르노 무슬린
소스를 곁들인 가리비 그리예 아스파라거스'(p.42)
를 손님에게 제공하고 있습니다. 새우나 가리비
등의 어패류, 브로콜리, 강낭콩, 잠두콩과 같은 녹색
채소와도 잘 어울립니다. 남으면 차갑게 하여 '생강
페르노 무슬린소스 타르타르를 곁들인 아보카도
새우'(p.43)처럼 채소나 어패류와 섞어서 마리네나
차가운 전채 요리로 사용할 수 있습니다.
(곤노 마코토/오르간)

만드는 방법

1 냄비에 생강과 페르노를 넣
고 약불에 수분이 날아가 표면
이 거울처럼 반들반들해질 때까
지 졸인다.

2 물을 넣고 졸인 것을 섞는다.
꿀과 소금을 넣고 생강은 꺼낸다.

3 2에 달걀노른자를 넣고 중탕
한다.

4 거품기로 빠르게 섞는다.

5 사진처럼 하얀색을 띠고 점성이 생기면 중탕을 멈추고 녹인 버터와 레몬즙을 넣고 섞는다.

6 거품을 낸 생크림을 **5**에 넣는다.

7 거품기로 기포가 사라지지 않도록 주의하면서 섞는다. **A**를 넣어 섞고 소금으로 간을 한다.

생강 페르노 무슬린 소스를 곁들인 가리비 그리예 아스파라거스

(곤노 마코토/오르간)

바로 데친 아스파라거스와 구운 가리비에 생강과 페르노, 허브를 넣은 무슬린 소스를 곁들였다. 아스파라거스 요리에 일반적으로 사용하는 홀란데이즈 소스를 곁들인 것과 또 다른 맛을 즐길 수 있는 신선한 요리이다.

만드는 방법 1인분

1 가리비 조개관자는 토치로 표면을 살짝 구워 E.V. 올리브 오일과 소금을 가볍게 뿌린다.

2 그린 아스파라거스(1개)는 뿌리 부분의 딱딱한 껍질을 벗긴다. 냄비에 향미 채소와 물을 넣고 끓인 다음 아스파라거스를 데친다.

3 접시에 생강 페르노 무슬린 소스(p.41, 적당량)를 올린 다음 **1**과 **2**를 올린다. 파르미자노 사블레(p.198)를 곁들인다.

생강 페르노 무슬린 소스 타르타르를 곁들인 아보카도 새우

(곤노 마코토/오르간)

차가운 생강 페르노 무슬린 소스로 아보카도와 생새우를 버무려서 만든 차가운 전채 요리이다. 소스가 남은 경우에는 이렇게 활용하면 좋다.

재료 1인분

아보카도 1/2개
생강 페르노 무슬린소스(p.41) 15㎖

A
홍새우(1.5㎝ 크기로 자른다) 한 마리
후르츠 토마토(1㎝ 크기의 주사위 모양으로 자른다) 1/2개
사과(5㎜ 크기의 주사위 모양으로 자른다) 소량

허브 각각 적당량
처빌
네스트리움
딜

소금 적당량

만드는 방법

1 생강 페르노 무슬린 소스는 냉장고 안에 넣어 차갑게 해둔다.

2 아보카도는 씨를 제거한다. 씨가 들어 있는 부분의 과육을 파내어 네모나게 썬다.

3 2에서 썬 과육과 **A**를 섞은 다음 **1**에 버무린다. 소금으로 간을 한다.

4 2의 아보카도는 껍질을 벗기고 안에 **3**을 담아 허브로 장식을 한다.

아이올리 소스

프랑스 남부지역에서 시작된 마늘이 들어간 소스

마늘, 달걀노른자. 올리브 오일에 레몬즙과 비네거
등을 넣어 유화시킨 소스. 마늘은 삶은 것을
사용하여 부드러운 향을 즐길 수 있도록 하였다.

재료

| 달걀노른자 1개
A 마늘 퓌레* 40g
| 디종 머스터드 5g
화이트 와인 비네거 10g
사프란 두 꼬집
E.V.올리브 오일 200g

* 마늘 퓌레 만드는 방법: 마늘은 물에 두 번
삶아서 우려낸 다음 우유로 부드러워질 때
까지 끓인다. 체에 걸러서 국물은 버리고
마늘은 퓌레 상태로 만든다.

만드는 방법

I 냄비에 화이트 와인 비네거와 사프란
을 넣은 다음 화이트 와인 비네거가
황색이 될 때까지 약 30분 동안 따뜻
한 곳에 둔다.

2 볼에 **A**를 넣고 전체적으로 하얗게
될 때까지 거품기로 섞는다.

3 **2**에 **I**을 넣고 섞는다. E.V.올리브 오
일을 조금씩 넣어가면서 거품기로 섞
는다. E.V.올리브 오일을 넣고 섞는
방법은 마요네즈(p.26) 만드는 방법
4~10을 참조한다.

보존방법·기간

3일간 냉장 보존 가능

용도

일반적으로 해산물 수프 요리인 **부야베스**나
수프 드 푸아송에 곁들이지만 **데친 채소, 생선,
닭고기** 등의 딥으로 사용해도 좋습니다.
또 **차가운 로스트비프**에도 어울립니다.
(아라이 노보루/레스토랑 오마주)

소스&딥 Collection **I**   # 매운 소스

아이올리 에스푸마

마늘 맛을 살린 거품 상태의 아이올리

에스푸마Espuma는 '거품'을 뜻하는 스페인어이다. 이 소스는 아이올리를 푹신푹신한 거품 상태로 만든 것이다. 입안에서 생크림 같은 부드러움과 향이 퍼진다.

재료

	달걀노른자 2개
	달걀 1개
A	다진 마늘 10g
	화이트 와인 비네거 10g
	에스푸마골드* 44g
생크림(유지방 33%) 250g	
E.V.올리브 오일 150g	
소금 6g	

* 액체나 퓌레를 에스푸마용 사이폰으로 거품 상태로 만들 때 넣는 증점제

만드는 방법

1 볼에 **A**를 넣고 핸드 블렌더로 섞는다.

2 I에 생크림과 E.V.올리브 오일, 소금을 넣고 섞은 다음 유화가 되면 에스푸마용 사이폰에 채운다.

3 요리를 내기 직전에 사이폰을 잘 흔들어 거꾸로 세운 다음 핸들을 잡아당겨 거품 상태의 소스를 접시에 담아 요리에 곁들인다.

보존방법·기간

필요할 때마다 만들어 빨리 사용한다. 레스토랑에서 점심용으로 만들었다면 저녁에는 사용하지 않는다. 저녁 메뉴로 만든 경우에는 그날 모두 사용한다.

용도

달걀 식초 타르타르 소스

달걀 식초 소스에 자차이를 넣어 타르타르 소스에 변화를

달걀에 식초를 넣어 만든 달걀 식초에 피클 대신에
자차이를 잘게 다져서 넣은 일본식 타르타르 소스

재료

A
- 달걀노른자 3개
- 달걀 1개
- 쌀 식초 90㎖
- 설탕 1.5큰술

자차이 100g

만드는 방법

1. **A**의 재료를 모두 섞은 다음 중탕한다. 나무주걱으로 섞으면서 5분 정도 열을 가한다. 찰기가 생기면 불을 끈다.
2. 자차이를 잘게 다져서 **1**에 섞는다.

보존방법·기간

1주일간 냉장 보존 가능

용도

달걀 식초 타르타르 소스를 곁들인 전갱이 튀김

(나카야마 고조/시아와세산미)

튀김옷의 빵가루를 곱게 갈아서 무겁게 느껴지지 않도록 튀긴 전갱이 튀김에
달걀 식초 타르타르 소스를 곁들였다. 달걀 식초는 유분을 포함하지 않은
마요네즈와 같은 산뜻한 맛이다. 튀김을 가볍게 즐길 수 있다.

재료 1인분

전갱이 1/2마리
그린 아스파라거스 2/3개
달걀 식초 타르타르 소스(위) 2큰술
박력분, 달걀물, 빵가루* 각각 적당량
소금, 튀김용 기름 각각 적당량

* 빵가루는 곱게 갈아서 준비해둔다.

만드는 방법

1. 전갱이는 세 장 뜨기를 하여 가볍게 소금을 뿌린 다음 소금간이 배도록 1시간 정도 냉장고에 넣어둔다. 1인분에 반 마리를 사용한다.
2. 그린 아스파라거스는 뿌리 부분의 단단한 껍질을 벗기고 3등분한다. 1인분에 2개를 사용한다.
3. 전갱이에 박력분, 달걀물, 빵가루 순으로 튀김옷을 입힌 다음 170℃의 튀김용 기름에 3분 정도 튀긴 후 여분의 기름을 제거한다.
4. 그린 아스파라거스도 같은 방법으로 튀김옷을 입힌 다음 같은 기름에 2분 정도 튀긴 후 여분의 기름을 제거한다.
5. 그린 아스파라거스와 전갱이 사이에 달걀 식초 타르타르 소스를 넣고 위에도 타르타르 소스를 올린다.

망고 달걀 식초 소스

화려한 망고의 향과 달콤함

달걀 식초 소스에 고운 채에 내려 퓌레 상태로
만든 망고를 넣어주었다. 망고의 향과 달콤함이
더해져 맛이 화려하다.

재료

망고 과육 90g
레몬즙 5㎖
A 달걀노른자 5개
　설탕 5g
　사과 식초 25㎖
　간장 5㎖

만드는 방법

1 망고 과육은 색이 변하는 것을 방지
하기 위해 레몬즙을 뿌리고 체에 거
른다.
2 냄비에 **1**과 **A**를 넣고 섞은 다음 중불
에 올린다. 나무주걱으로 냄비의 가
장자리를 저어주면서 걸쭉해지면 불
을 끄고 체에 거른다.

보존방법·기간

2일간 냉장 보존 가능

용도

소스＆딥 · Collection 2 · 샌드위치

파니니에 추천!

● **고르곤졸라 크림**(p.50)
생크림으로 농도를
연하게 하여 햄 루꼴라
파니니의 소스로

● **살사 디 노치**(p.164)
우유와 치즈를 넣어
마늘의 풍미를 살린 소스

● **살사 베르데**(p.64)
안초비와 케이퍼를 넣은
이탈리안 파슬리 소스

● **포테이토칩 참치
마요네즈**(p.38)
포테이토칩이 들어간
어린 시절이 떠오르는
그리운 맛

어떤 빵에도 OK!

**햄버거와
핫도그에 딱!**

● **살사 세보야**(p.105)
잘게 다진 양파에 허브와
할라페뇨를 넣은 산뜻한 소스

**식빵 샌드위치, 바게트
샌드위치, 햄버거에!**

● **유자 후추 마요네즈**(p.36)
레몬의 산뜻함과 후추의
매콤함이 살아있는
마요네즈 소스

● **타르타르 소스**(p.28)
케이퍼, 코르니숑,
이탈리안 파슬리가
들어간 맛이 풍부한 소스

● **타르타르 소스**(p.30)
시판되는 마요네즈에
실파를 넣어 익숙한 맛의
타르타르 소스

● **씨엔딴 타르타르 소스**(p.32)
자차이와 씨엔딴(소금에
절인 달걀)을 넣어 변화를
준 타르타르 소스

프로마쥬 블랑 타르타르 소스

산뜻하고 신선한 치즈가 베이스

지료

A
프로마쥬 블랑* 100g
분말 머스터드 10g
에샬롯(잘게 다진다) 6g
토마토(굵게 다진다) 8g
에스트라곤(잘게 다진다) 2g
차이브(잘게 다진다) 1g
소금, 후추 각각 적당량

* 부드러운 산미의 크림 상태인 신선한 치즈

만드는 방법

I 볼에 **A**를 넣고 섞은 다음 소금과 후
추로 간을 한다.

보존방법·기간

2일간 냉장 보존이 가능하지만 토마토
에서 수분이 빠져나오기 때문에 빨리 사
용하는 것이 좋다.

마요네즈 대신에 프로마쥬 블랑을 넣어 변화를
준 타르타르 소스. 산뜻한 프로마쥬 블랑에 향미
채소와 토마토, 분말 머스터드를 듬뿍 넣어
풍미가 가득한 맛으로.

용도

고르곤졸라 치즈 무스

와인과 어울리는 독특한 맛

고르곤졸라 치즈에 거품을 낸 생크림을 섞어서 만든
푹신푹신한 무스. 푸른색 곰팡이의 독특한 맛이
부드러워져서 와인과 잘 어울리는 딥이다.

재료

고르곤졸라 치즈 150g
생크림 50g+150g
판 젤라틴 4g

만드는 방법

1 냄비에 고르곤졸라 치즈와 생크림
50g을 넣고 약불에 끓인다. 고르곤졸
라 치즈가 녹으면 물에 담가서 말랑
말랑한 상태가 된 판 젤라틴을 넣고
젤라틴이 녹으면 불을 끄고 식힌다.

2 생크림 150g을 거품을 내어 1에 2~3
회 나누어 섞는다.

보존방법·기간

1주일간 냉장 보존 가능

용도

저희 포쓰라포쓰라 레스토랑에서는 빨간
양파 콩피(p.104)와 함께 **바게트**를 곁들여
손님에게 제공하고 있습니다.
(요네야마 다모쓰/포쓰라포쓰라)

고르곤졸라 치즈 크림

독특한 풍미를 즐길 수 있는 소스

고르곤졸라 치즈의 독특한 풍미가 그대로
살아있는 소스. 조금 단단하게 만든 다음
생크림 등을 넣어 부드럽게 하여 용도에
맞게 다양하게 사용한다.

재료

고르곤졸라 치즈(피칸테) 200g
에샬롯(얇게 자른다) 40g
생크림 300g
마늘 1쪽
올리브 오일 적당량

만드는 방법

1 냄비에 올리브 오일을 두르고 마늘
을 넣어 향이 날 때까지 볶는다.

2 1의 냄비에서 마늘을 꺼낸 다음 에샬
롯을 넣고 볶는다.

3 에샬롯에 투명감이 돌면 생크림을
넣고 걸쭉해질 때까지 끓인다.

4 고르곤졸라 치즈를 작게 잘라서 넣
고 녹인다. 믹서에 넣고 부드러워질
때까지 돌린다.

보존방법·기간

한 달간 냉동 보존 가능

용도

그대로 빵에 발라 먹어도 맛있지만 **파스타 소스**로 이용하기도
하고 생크림을 넣어 부드럽게 한 다음 햄과 루꼴라를 넣은
파니니 **샌드위치**의 소스로 사용하기도 합니다. 거품을 낸
생크림을 섞어서 **무스**로 만들어도 좋습니다.
(오카노 유타/일 테아트리노 다 살로네)

고르곤졸라 치즈 무스와
빨간 양파 콩피

(요네야마 다모쓰/포쓰라포쓰라)

바게트에 블루치즈의 부드러운 무스와 달콤한 빨간 양파
콩피를 곁들였다. 와인과 잘 어울리는 메뉴다.

만드는 방법 1인분

1 바게트(적당량)는 얇게 자른 다음 반
  을 잘라 100℃ 오븐에 바삭하게 굽
  는다.

2 접시에 고르곤졸라 치즈 무스(p.50,
  3큰술)를 담은 다음 호두와 흑후추
  를 뿌린다.

3 접시에 **2**를 올리고 빨간 양파 콩피
  (p.104, 1.5큰술)와 **1**을 곁들인다.

생고추냉이 크림 치즈

잘게 다진 생고추냉이의 산뜻한 매운맛이 포인트

재료
생고추냉이(잘게 다진다) 30g
크림 치즈 100g

만드는 방법
Ι 생고추냉이와 크림 치즈를 섞는다.

보존방법·기간
1주일간 냉장 보존 가능

용도

고추냉이를 재배하는 분에게 배운 것입니다. 잘게 다진 생고추냉이를 사용하는 것이 포인트입니다. **빵**에 곁들여 먹어도 맛있고 **채소스틱**에 곁들여도 좋습니다.
(요네야마 다모쓰/포쓰라포쓰라)

크림 치즈와 고추냉이는 많이 사용하는 조합이지만 잘게 다진 생고추냉이를 섞는 것이 포인트이다. 생고추냉이의 씹히는 식감과 산뜻하게 매운맛이 신선하다.

술지게미와 시로미소, 블루치즈

부드러우면서 깊은 맛

재료
술지게미 30g
시로미소(흰 된장) 50g
블루치즈 100g
생크림 50㎖

만드는 방법
Ι 모든 재료를 섞어 고운 체에 거른다.

보존방법·기간
1주일간 냉장 보존 가능

용도

돼지고기 소테에 발라 토치로 구워서 고소함을 더해 손님에게 제공합니다.
(요네야마 다모쓰/포쓰라포쓰라)

부드러운 풍미를 가진 세 가지 재료를 섞은 딥. 술지게미의 단맛, 시로미소의 감칠맛과 짠맛, 블루치즈의 독특한 맛이 어우러져 부드러우면서도 깊은 맛으로.

파르미지아노 레지아노 소스

치즈의 풍미를 살리기 위해 생크림만 넣어 만든 소스

재료

파르미지아노 레지아노(갈은 것) 60g
생크림 200㎖
스금 적당량

만드는 방법

I 냄비에 생크림을 넣고 약불에 끓인 다음 파르미지아노 레지아노를 넣고 녹인다. 소금으로 간을 한다.

보존방법·기간

3~4일간 냉장 보존 가능

파르미지아노 레지아노에 생크림을 넣어 만든 소스. 재료 본연의 맛을 살려 치즈의 부드러운 맛과 향이 확실히 느껴지도록 하였다.

용도

닭 가슴살과 **감자**처럼 치즈나 생크림과 잘 맞는 식재료에 곁들이면 좋습니다. 딜을 잘게 다져서 넣으면 새우에 어울리는 소스가 됩니다. (곤노 마코토/오르간)

라구자노 치즈 소스

치즈를 듬뿍 넣어 감칠맛이 진한 소스

재료

라구자노 치즈(갈은 것)* 125g
우유 250g
달걀노른자 1개
버터 30g

* 이탈리아 시칠리아의 반경질 치즈. 파르미지아노 레지아노와 비슷하지만 풍미가 더 부드럽다.

만드는 방법

1 우유를 80℃에서 중탕한다.
2 1에 라구자노 치즈를 넣고 10분 정도 섞는다.
3 라구자노 치즈가 녹아 부드러워지면 달걀노른자, 버터 순으로 넣고 부드러워질 때까지 섞는다.

보존방법·기간

2~3일간 냉장 보존 가능

시칠리아산 반경질 치즈, 우유, 달걀노른자로 만든 소스. 생크림을 넣지 않아 맛이 무겁지 않고 치즈를 듬뿍 넣어 진한 감칠맛을 즐길 수 있다.

용도

토마토 소스와 같이 사용하는 경우가 많은 소스로 시칠리아에서는 **가지 스포르마또**(달걀을 풀어 잘게 다진 가지와 갈은 치즈 등을 섞어서 찐 요리)에 토마토 소스와 함께 곁들입니다. 채소는 **콜리플라워**나 **브로콜리**와 잘 어울리고 육류는 **어린 양고기**와 잘 어울립니다. (에이지마 요시쿠니/사로네 2007)

치즈 폰두타

차갑게 굳혀서도 따뜻한 액체로도 사용할 수 있는 소스

그라나 파다노에 생크림, 우유, 버터의 감칠맛을
더해 풍부한 맛을 즐길 수 있는 소스. 차게 하면
굳기 때문에 그 상태로 사용해도 좋지만 녹여서
사용할 경우에는 중탕을 한다. 직접 열을 가하면
치즈가 굳기 때문에 주의해야 한다.

재료

그라나 파다노(갈은 것)* 200g
생크림 200g
우유 100g
버터 150g
소금 2g

* 이탈리아 롬바르디아 주의 하드 치즈

만드는 방법

1 냄비에 생크림과 우유를 넣고 약 2/3
정도의 양이 될 때까지 끓인다.
2 버터를 넣고 녹인다.
3 그라나 파다노를 넣고 섞으면서 약불
에 끓인다.
4 소금으로 간을 한 다음 핸드 블렌더
로 부드러워질 때까지 섞는다.

보존방법·기간

냉장으로 1주일간, 냉동으로 4주일간 보
존 가능

용도

중탕을 하여 걸쭉하고 따뜻한 상태의 소스는 소고기
카르파초나 다진 고기에 곁들이면 어울립니다. 생크림을
넣어 농도를 연하게 하면 시저 샐러드의 드레싱으로도
사용할 수 있는 치즈 소스입니다. 차갑게 굳은 상태로
먹어도 맛있기 때문에 토마토에 곁들여 손님에게
제공해도 좋습니다. (요코야마 히데키/(食)마시카)

차가운 치즈 퐁뒤

흰곰팡이와 푸른곰팡이, 두 종류의 치즈를 섞어서 복합적인 맛으로

블루치즈와 흰곰팡이 치즈를 섞은 치즈 딥.
블루치즈는 고르곤졸라나 로크포르, 흰곰팡이
치즈는 브리 드 모나 까망베르 등 좋아하는 치즈를
사용하면 된다.

재료

블루치즈 50g
흰곰팡이 치즈 50g
생크림 50㎖

만드는 방법

1 냄비에 적당한 크기로 자른 블루치
즈와 흰곰팡이 치즈를 넣고 약불에
녹인다.
2 1을 체에 걸러 식힌다.
3 2에 생크림을 넣고 부드러워질 때까
지 섞는다.

보존방법·기간

1주일간 냉장 보존 가능

용도

바게트나 채소스틱에 곁들여 차가운
퐁뒤로 손님에게 제공합니다.
(요네야마 다모쓰/포쓰라포쓰라)

토친 브라이드 소스

뜨거운 폴렌타에 두 종류의 소스를 뿌려서 전채 요리로

리코타 소스

폴렌타 가루 태운 버터 소스

'토친 브라이드Toc' in braide'는 뜨거운 폴렌타polenta 에 리코타 소스와 폴렌타 가루가 들어간 태운 버터 소스를 뿌린 전채 요리이다. 메인요리에 곁들인다는 이미지가 강한 폴렌타지만 이 소스를 사용하면 소박하면서도 존재감이 느껴지는 하나의 요리가 된다.

▌재료

리코타 소스

| 리코타 치즈 125g
| 카프리노 치즈＊ 125g
| 우유 10㎖

폴렌타 가루 태운 버터 소스

| 버터 10Cg
| 폴렌타 가루(옥수수 가루) 50g

＊ 이탈리아의 염소 우유로 만든 치즈. 카프 리노 치즈가 없으면 리코타 치즈를 사용해 도 괜찮다.

▌만드는 방법

1 리코타 소스를 만든다. 냄비에 재료 를 넣고 중탕으로 약 10~15분간 섞 으면서 끓인다. 베샤멜 소스보다 조 금 묽은 정도의 농도가 되면 중탕을 멈춘다.

2 폴렌타 가루 태운 버터 소스를 만든 다. 폴렌타 가루는 100℃로 예열한 오븐에 2시간 건조한다. 프라이팬에 버터를 넣고 중불로 흔들면서 가열 한다. 고소한 향이 나면 폴렌타 가루 를 넣고 불을 끈다.

▌보존방법·기간

리코타 소스는 냉장으로 3일간 보존 가 능하고 폴렌타 가루 태운 버터 소스는 냉장으로 5~6일간 보존 가능

용도

이탈리아 프리울리베네치아줄리아 주의 향토요리인 '**토친 브라이드**'를 위한 소스입니다. **폴렌타**에 두 종류의 소스를 뿌리는 것이 기본이지만 '**리코타 아푸미카타**(훈제한 리코타 치즈)'를 올리는 레스토랑도 있습니다. 또 폴렌타에 **살시치아**(이탈리아 소시지)를 올리고 두 종류의 소스를 뿌려서 메인 요리로 내기도 합니다. (에이지마 요시쿠니/사로네 2007)

▌토친 브라이드 만드는 방법

1 폴렌타를 만든다.

1 냄비에 폴렌타 가루와 같은 양의 물 과 우유를 넣고 끓인다.

2 폴렌타 가투와 폴렌타 가루의 1/10 분량의 버터를 넣고 저으면서 30~40 분간 끓인다. 프리울리베네치아줄리 아 주에서는 이렇게 폴렌타를 만들지 만 베네토 주에서는 물만 끓여 버터 대신에 올리브 오일을 넣어 만드는 경우도 있다.

2 접시에 뜨거운 폴렌타를 담은 다음 따뜻한 리코타 소스와 폴렌타 가루 태운 버터 소스를 뿌린다.

베샤멜 소스

밀가루와 우유를 충분히 가열한다.

흰색 소스로 완성하기 위해서는 계속 약불을 유지한다. 차분히 시간을 들여 만들면서 밀가루와 우유에 확실하게 열을 가해준다. 이렇게 하면 보존성이 높아지고 풍미도 좋아진다.

재료

우유 500㎖
박력분 35g
버터 35g
월계수 잎(생) 1장

보존방법·기간

냉장으로 1주일간 보존 가능하지만 풍미가 떨어지거나 냄새가 나기도 하기 때문에 만들어서 바로 사용하는 것이 가장 좋다.

용도

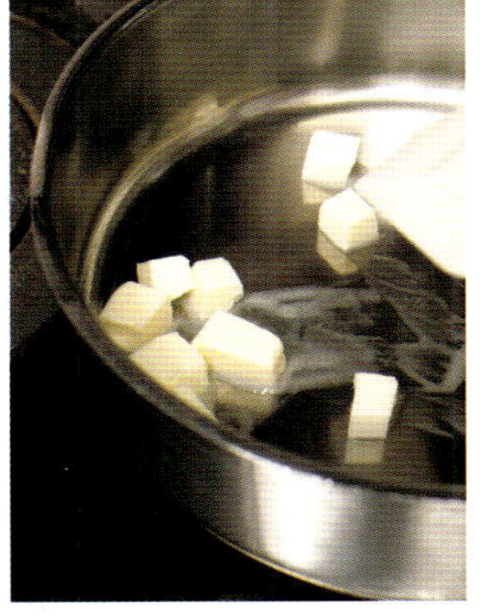

1 냄비에 버터를 넣고 약불에 녹인다.

2 버터가 완전히 녹으면 끓으면서 하얀 기포가 생긴다.

3 박력분을 넣는다.

4 고무주걱으로 뭉치지 않도록 잘 섞으면서 확실히 열이 전달되도록 한다.

5 비릿한 냄새가 사라지고 걸쭉하고 부드러운 상태가 된다.

6 다른 냄비에 우유를 넣고 약 60℃ 정도로 끓인다.

7 **5**에 **6**을 조금 넣는다.

8 뭉치지 않도록 고무주걱으로 섞는다.

9 우유가 골고루 섞였으면 약 90㎖의 우유를 더 넣고 고무주걱으로 잘 섞는다. 이 작업을 4~5회 반복한다.

10 우유를 모두 섞었으던 타지 않도록 잘 섞으면서 끓인다.

11 고무주걱으로 냄비 바닥을 긁었을 때 흔적이 남을 정도의 농도가 되면 월계수 잎을 넣고 100℃의 오븐에 30분~1시간 정도 넣는다. 이때 15분 간격으로 잘 섞어준다.

12 완성된 모습. 소스를 뜨면 사진처럼 흘러내린다. 바트에 옮겨 담고 표면에 버터를 바른 다음 랩으로 싸서 마르는 것을 방지한다.

바지락 버터

바지락 육수와 감자 삶은 국물을 버터로 유화

진한 바지락 육수와 감자 삶은 국물을 섞은 다음
버터와 생크림으로 만든 소스. 바지락 육수를
품은 감자는 씹으면 씹을수록 깊은 맛이 나고
포만감도 준다.

재료

바지락 육수

| 바지락 2kg
| 물 1ℓ
감자 100g
물 100㎖
소금 2g
버터 50g
생크림 200g
흑후추 2g

만드는 방법

I 바지락 육수를 낸다.

⌐ 냄비에 바지락과 물을 넣고 강불에 끓인다.

2 바지락 껍질이 열리면 10분 정도 더 끓인다.

3 바지락과 육수를 분리한 다음 바지락은 살만 발라둔다.

2 감자를 삶는다.

⌐ 감자는 껍질을 벗기고 1㎝ 크기의 주사위 모양으로 자른다.

2 냄비에 감자와 물을 넣는다. 이때 감자가 물에 잠길 정도가 되는 크기의 냄비를 사용한다. 소금을 넣고 강불에 삶는다.

3 거품이 올라오면 제거하고 약 2분 동안 더 삶는다. 감자와 삶은 물을 분리하여 따로 둔다.

3 **2**의 끓인 국물을 1/3 정도로 줄어들 때까지 끓인다.

4 냄비에 바지락 육수와 **3**을 넣고 버터와 **I**에서 발라놓은 바지락 살 80g, **2**의 감자, 생크림, 흑후추를 넣고 섞는다.

보존방법·기간

3일간 냉장 보존 가능

용도

주로 **파스타 소스**로 사용합니다. 이 소스에 버무린 서머 트뤼프와 파르미지아노 레지아노를 듬뿍 올린 파스타가 인기가 많지만 소스를 더 졸여서 달걀노른자와 파르미지아노 레지아노를 섞으면 **카르보나라**가 됩니다 (p.59). **생선찜** 소스로도 어울립니다.
(요코야마 히데키/(食)마시카)

바지락 버터 타야린 카르보나라

바지락의 진한 감칠맛과 서머 트러플의 향이 입안에서 퍼지는 파스타. 가늘지만 존재감이 있는 타야린이 소스와 어우러져 모든 재료를 하나로 만든다.

(요코야마 히데키/(食)마시카)

재료

바지락 버터(p.58) 300g
트러플 오일 소량
달걀노른자 2개
파르미지아노 레지아노 10g+적당량
타야린(직접 만든 것) 60g
서머 트러플 8g
흑후추 적당량
소금 적당량

만드는 방법

1 바지락 버터는 냄비에 따뜻하게 끓인 다음 트러플 오일을 섞는다. 달걀노른자와 파르미지아노 레지아노(10g)을 넣고 뭉치지 않도록 섞으면서 걸쭉해질 때까지 약불에 끓인다.

2 타야린은 소금물에 삶은 다음 물기를 제거하고 냄비에 넣어 소스에 버무린다.

3 2를 접시에 담고 서머 트러플을 갈아서 올린다. 파르미지아노 레지아노(적당량)와 흑후추를 뿌린다.

안초비 버터 소스

노릇노릇하게 구운 등 푸른 생선에 어울리는 소스

레몬 맛을 살린 태운 버터 소스는 일반적으로 흰살생선에 곁들이지만 이 소스는 여기에 안초비를 넣었다. 안초비의 감칠맛이 더해져 등 푸른 생선에 어울리는 소스이다.

재료

안초비 2마리
발효 버터 100g
레몬즙 1/2개

만드는 방법

1 안초비는 칼로 두들겨서 페이스트 상태로 만든다.
2 태운 버터를 만든다. 냄비에 발효 버터를 넣고 흔들면서 약불에 가열한다.
3 버터가 갈색이 되면 빨리 안초비를 넣고 섞은 다음 냄비를 얼음물에 담가 급냉 시킨다.
4 3에 레몬즙을 넣고 섞은 다음 맛을 보고 짠맛이 부족하면 안초비를 넣어 조절한다.

보존방법·기간

1주일간 냉장 보존 가능

용도

오르간과 자매 레스토랑인 우구이스의 명물 요리인 '**표면을 살짝 구운 고등어와 감자**'에 사용하고 있습니다. 구운 고등어를 소테한 감자에 올리고 이 소스를 곁들인 요리입니다. **가리비 관자**에도 잘 어울리는 소스입니다. (곤노 마코토/오르간)

베르무트 풍미의 버터 소스

향초를 넣은 리큐어로 풍미를 더한 소스

프랑스 요리의 정통 버터 소스에 향초香草를 넣은 리큐어와 베르무트를 넣어 변화를 준 소스. 베르무트의 산뜻한 향과 약간 쓴맛기 맛의 포인트이다.

재료

베르무트 30㎖
에샬롯(잘게 다진다) 100g
화이트 와인 비네거 15㎖
생크림(유지방 38%) 50㎖
버터 50g
소금 백후추 각각 적당량

만드는 방법

1 냄비에 베르무트, 에샬롯, 화이트 와인 비네거를 넣고 끓인다. 전체적으로 갈색이 되면 걸쭉해질 때까지 끓인다.
2 1에 생크림을 넣고 걸쭉해질 때까지 가볍게 끓인다. 버터를 넣고 유화시킨 다음 소금과 백후추로 간을 한다.

보존방법·기간

필요할 때 만들어 바로 사용한다.

용도

모든 어패류 요리에 어울리는 소스입니다. 특히 **찜요리**에 어울리고 **새우, 흰살생선, 연어**와 같은 생선과 잘 맞습니다. 레몬즙, 에스트라곤 비네거, 샴페인 비네거 등을 넣어 산미를 더 강하게 해주면 **등 푸른 생선**에도 어울리는 소스입니다. (아라이 노보루/레스토랑 오마주)

그르노블 소스

케이퍼와 레몬의 산미를 더한 버터 소스

정통 프랑스 소스. 버터에 크루통과 케이퍼, 레몬을 넣어
만든 소스로 흰살생선이나 민물고기에 어울린다.
이 레시피는 등 푸른 생선과 잘 어울리는 안초비 버터
소스(p.60)에 토마토, 케이퍼, 레몬을 넣어 등 푸른
생선에도 흰살생선에도 사용할 수 있는 소스로 만들었다.

재료
안초비 버터 소스(p.60) 100g
토마토(5㎜ 크기의 주사위 모양으로 자른다) 3/4개
케이퍼 18g
레몬 과육(5㎜ 크기의 주사위 모양으로 자른다) 1/4개
크루통* 15g
파슬리 잎(잘게 다진다) 2장
레몬즙 적당량
소금 적당량

* 크루통 만드는 방법: 프라이팬에 버터를 넣고 작은 기포가 생길 때까지 저으면서 약불에 가열한다. 7~8㎜ 크기의 주사위 모양으로 자른 식빵을 넣고 연한 갈색이 되도록 굽는다. 소금을 약간 뿌리고 110~130℃로 예열한 오븐에 30분~1시간 정도 넣어 수분을 날려 바삭하게 만든다.

만드는 방법
1. 안초비 버터 소스를 따뜻하게 끓여서 토마토, 케이퍼, 레몬 과육을 넣는다.
2. 불을 끄고 크루통과 파슬리 잎을 넣는다. 레몬즙과 소금으로 간을 한다.

보존방법·기간
필요할 때 만들어 바로 사용한다.

소스&딥
Collection 3

기본 파스타 소스

건면 스파게티 등에!

● **토마토 소스**(p.92)
토마토의 맛을 충분히
살린 심플한 토마토 소스

● **오징어 먹물 소스[1]**(p.80)
오징어의 먹물, 살, 내장을
사용하여 감칠맛을 충분히
살린 소스

● **오징어 먹물 소스[2]**(p.81)
생선 육수를 사용하여
오징어 먹물의 감칠맛을
그대로 살린 소스

● **아마트리치아나 소스 베이스**(p.96)
볶은 베이컨과 양파에
토마토를 넣고 끓인 베이스.
파스타에 사용할 때는 버터를
넣어주면 좋다.

생 파스타에 추천!

● **라구**(p.76)
노릇노릇하게 볶은 향미 채소와
갈은 소고기로 만든 미트 소스.
닭의 간을 넣어 감칠맛을 더한
것이 맛의 비결

쇼트 파스타에!

● **고르곤졸라 치즈 크림**(p.50)
육수로 농도를 연하게 하여
파스타 소스로 사용한다.
뇨키(이탈리아식 수제비)에도
잘 어울린다.

드라이 토마토 다시마 햄 오일 소스

감칠맛이 나는 식재료와 섞는다.

재료

직접 만든 토마토 소스(p.197) 100g
소금 다시마 10g
햄 50g
올리브 오일 100㎖

만드는 방법

ㅣ 믹서에 모든 재료를 넣고 부드러워
질 때까지 돌린다.

보존방법·기간

1주일간 냉장 보존 가능

감칠맛이 나는 세 가지 식재료를 오일과 같이
푸드 프로세서에 넣어 부드러운 페이스트
상태로 갈아주었다. 요리에 곁들이기만 하면
요리의 맛이 한층 더 살아난다.

용도

스모크 오일

날것의 식재료에 훈연향을 입히는 비법

누구나 좋아하고 거부감이 없는 포도씨 오일로 만든
스모크 오일. 한 방울 떨어트리면 식재료를 가열하지
않고 요리에 훈연향을 입힐 수 있다.

재료

포도씨 오일 200㎖
스코크 우드 약 5㎝

만드는 방법

1 포도씨 오일을 바트에 붓는다.
2 중화냄비 바닥에 알루미늄호일을 깔
  고 스모크 우드를 올린다. 냄비에 그
  물망을 올리고 그 위에 볼을 뒤집어
  뚜껑을 만든다.
3 2를 불에 올린다. 연기가 나기 시작
  하면 1을 그물망 위에 올리고 볼을
  뚜껑으로 하여 30분간 훈연향을 입
  힌다. 오일에 훈연향을 확실히 입히
  기 위해서는 불을 조절하여 연기가
  나는 상태를 유지해야 한다.

보존방법·기간

상온에서 2주일간 보존 가능

용도

가열하지 않고 훈연향을 입히고 싶을 때
사용합니다. 예를 들어 **연어회**에 뿌리면 식감과
맛은 날것의 맛이지만 훈제연어가 연상되는 신기한
감각을 연출할 수 있습니다. **두부 딥**(p.132)에
뿌려서 애피타이저로 사용해도 좋습니다.
(니시오카 히데토시/렌게 에크리오시티)

올리브 페이스트

산미로 맛에 윤곽을 만든다

케이퍼로 확실히 산미를 살려 밍밍한 올리브의
맛을 잡아주는 페이스트. 안초비로 감칠맛과
짠맛도 더해주었다. 맛의 윤곽이 확실하기
때문에 포인트로 사용하기 좋다.

재료

블랙 올리브 50g+100g

A
| 케이퍼 25g
| 안초비 17g
| E.V. 올리브 오일 75g
| 마늘 1.5g

만드는 방법

1 블랙 올리브(50g)는 잘게 다진다.
2 푸드 프로세서에 블랙 올리브(100g)
  와 **A**를 넣어 페이스트 상태로 만든다.
3 2에 1을 넣고 섞는다.

보존방법·기간

1주일간 냉장 보존 가능

용도

그대로 빵에 발라 먹어도 맛있고 **생선요리나
육류요리**에 곁들여서 산미와 감칠맛의
포인트로 사용해도 좋습니다.
(오카노 유타/일 테아트리노 다 살로네)

살사 베르데

파슬리의 싱싱함이 살아있는 소스

이탈리안 파슬리 잎 25g
안초비 페이스트 9.5g
케이퍼 30g
올리브 오일 60g

I 믹서에 모든 재료를 넣고 부드러워질 때까지 돌린다.

2~3일간 냉장 보존 가능(진공 포장이라면 약 1주일간). 냉동 보존하면 풍미가 떨어진다. 보존 기간 안에 모두 사용하기를 권한다.

이탈리안 파슬리의 신선한 맛이 입 안 가득 퍼지는 소스. 비네거가 아닌 케이퍼의 산미를 더해줌으로써 감칠맛과 풍미를 더했다.

용도

생선요리에도 육류요리에도 사용할 수 있는 만능 소스입니다. 제가 요리를 배운 토스카나 주에서는 볼리토 미스토(아래)와 같은 삶은 고기나 드리퍼, 람프레도토와 같은 내장을 삶은 요리에 곁들이는 경우가 많았습니다. 생선구이에 곁들이거나 샌드위치 소스로 사용해도 좋습니다.
(유아사 잇세이/비오디나미코)

살사 베르데를 곁들인 볼리토 미스토

(유아사 잇세이/비오디나미코)

이탈리아에서는 볼리토 미스토에 일반적으로 살사 베르데를 곁들인다. 볼리토 미스토는 다양한 종류, 다양한 부위의 고기를 같이 삶아서 여러 가지 감칠맛이 어우러진 심플한 요리이다. 살사 베르데의 싱싱하고 신선한 맛이 잘 어울린다.

I 소 혀, 돼지고기 삼겹살, 닭 날개를 같이 삶아 볼리토 미스토를 만든다(p.195).

2 I의 소 혀와 돼지고기 삼겹살은 먹기 좋은 크기로 자른다. 닭 날개는 먹기 편하게 뼈를 제거한다.

3 접시에 2를 담고 살사 베르데를 곁들인 다음 이탈리안 파슬리로 장식한다.

바실리코 페이스트(제노베제 소스)

바질의 맛과 향을 소금으로 살려준다.

이 페이스트의 가장 중요한 포인트는 바질 향이다. 바질 향에 방해가 되지 않도록 치즈는 되도록 적은 양을 넣는다. 그 대신 소금을 충분히 넣어 바질 맛을 살려준다.

재료

바질 잎(부드러운 것) 100g
잣 25g
마늘 1~2쪽
페코리노 사르도(갈은 것)* 25g
파르미지아노 레지아노(갈은 것) 30g
E.V.올리브 오일* 60ml
소금(천일염 또는 바위 소금) 4g

* 이탈리아 사르데냐 섬의 양젖으로 만든 하드 치즈
* 바질 향에 방해가 되지 않도록 가볍고 독특한 맛이 없는 E.V.올리브 오일(리구리아 산 등)을 사용한다.

만드는 방법

1 바질 잎은 씻어서 체에 올려 말린다.
2 믹서에 E.V.올리브 오일을 넣고 냉장고에서 차갑게 한다. 잣은 100℃로 예열한 오븐에 1시간 정도 구워서 식힌 다음 냉장고에 넣어둔다. 마늘, 페코리노 사르도, 파르미지아노 레지아노, 소금도 사용하기 직전까지 냉장고에 넣어 차갑게 하여 믹서에 돌렸을 때 열에 의해 바질 색이 변하는 것을 방지한다.
3 2의 믹서에 바질 이외의 재료를 넣어 페이스트 상태가 될 때까지 돌린다.
4 3에 바질 잎을 넣어 원하는 농도가 될 때까지 돌린다.

보존방법·기간

4일간 냉장 보존 가능. 빛에 노출되면 색이 변하기 때문에 냉장 보관할 때는 병에 담아 알루미늄호일로 감싸준다. 오일을 뿌려 표면을 덮어 퇴색을 방지하는 방법은 소스에 오일이 들어가 재료의 비율이 달라지기 때문에 추천하지 않는다. 냉동으로 보관하면 한 달간 보존 가능. 이때는 지퍼 비닐 백에 넣어 공기를 뺀 다음 평평하게 하여 타월로 감싸서 빛이 들지 않는 냉동고 안쪽에 보관하여 색이 변하는 것을 방지한다. 사용할 때는 필요한 분량만 덜어내어 해동하면 된다.

용도

이 레시피는 이탈리아 리구리아 주 벤티밀리아에 있는 '발지 롯시'에서 요리 수행을 할 때 배운 것입니다. '발지 롯시'에서는 파스타 반죽에 이 페이스트와 베샤멜 소스, 감자, 노란 강낭콩을 1인분씩 싸서 베샤멜 소스를 곁들인 **라자냐**를 손님에게 제공했습니다. 이 요리는 리구리아의 대표적인 향토요리인 **트로피에**(쇼트 파스타), **감자**, **노란 강낭콩**을 버무려주는 바실리코 페이스트를 재구축한 것입니다. 또 제노바부터 토스카나에 걸친 산악지대에는 9월이 되면 나오는 밤 가루를 파스타 반죽에 섞어 이 페이스트를 곁들이는 가을 한정 요리가 있습니다. 바실리코 페이스트는 열을 가하면 변색되고 향도 날아가기 때문에 파스타 소스로 사용할 때는 소스 자체는 가열하지 말고 접시에 삶은 파스타를 담은 다음 그 위에 소스를 뿌려 주세요. 이탈리아에서는 흔히 볼 수 없지만 올리브 오일로 소스를 연하게 하여 싱싱한 **생선 카르파초**의 소스로 이용해도 좋습니다. (에이지마 요시쿠니/사로네 2007)

바냐 카우다

마늘의 강한 향을 없애고 부드러운 소스로

마늘을 물에 세 번, 우유에 한 번 삶아서 마늘 냄새를 제거하는
것이 포인트. 마지막에 올리브 오일을 넣고 열을 가할 때
몽글몽글한 상태에서 마무리하면 올리브 오일 향이 남는다.

재료 1인분
바냐 후레이다
아래 분량으로 만들어 30g 사용

| 마늘 2kg
| 우유 1kg
| 안초비 600g
| 물 적당량
올리브 오일 60g

보존방법·기간
바냐 후레이다의 상태로 3주간 냉장 보
존 가능. 냉동을 하면 6개월간 보존 가능

바냐 후레이다

용도

올리브 오일을 섞은 것은 **바냐 카우다**(p.67)
에 사용합니다. 바냐 후레이다 상태라면
다양하게 사용할 수 있습니다. 가다랑어의
껍질만 살짝 구운 **가다랑어 타타키**에
곁들여도 맛있고 레몬즙을 넣어 **새우**나,
주키니 마리네에 사용하는 것도 추천합니다.
(요코야마 히데키/(食)마시카)

만드는 방법
바냐 후레이다를 만든다.

1 냄비에 마늘을 넣고 마늘이
잠길 정도로 물을 넣는다.

2 중불에 부글부글 끓을 때까
지 끓인다.

3 물은 버리고 마늘은 냄비에
다시 담는다.

4 **1~3**의 작업을 두 번 더 한다.

5 마늘이 들어있는 냄비에 우유를 넣고 중불에 끓인다.

6 우유가 끓으면서 거품이 올라오면 15분 정도 더 끓인다.

7 우유는 버리고, 마늘은 체에 올려 물기를 뺀다.

8 냄비에 안초비를 넣고 볶는다.

9 안초비가 녹으면 **7**의 마늘을 넣고 섞으면서 열을 가한다.

10 전체적으로 섞였으면 핸드 블렌더로 부드러워질 때까지 섞는다.

11 고운 체에 거른 다음 밀폐용기에 담아 그 상태로 보존한다.

요리에 곁들여 내기 전의 마무리

1 냄비에 바냐 후레이다와 올리브 오일을 넣고 섞으면서 중불에 가열한다. 약간 몽글몽글한 상태의 소스를 접시에 담는다.

바냐 카우다

(요코야마 히데키/(食)마시카)

유기농법이나 무농약으로 재배한 제철 채소 11~12종류 정드를 접시에 담는다. 바냐 카우다 소스의 맛이 진하기 때문에 균형이 맞게 채소는 조금 크게 자른다.

만드는 방법

1 채소는 제철 채소를 사용한다. 채소는 적당한 크기로 자르고 단단한 채소는 데친다. 사진 속 제철 채소는 순무, 노란 주키니, 하얀 주키니, 미니 당근, 오크라, 무, 로마네스코 브로콜리, 콜리플라워, 오이, 래디시이다.

2 **1**을 접시에 담고 E.V.올리브 오일과 흑후추를 뿌린다 다른 접시에 바냐 카우다(p.66)를 담아 곁들인다.

생강 소스

매운맛에 청량감이 느껴지는 뒷맛

다진 생강에 레몬의 청량감을 더한 소스.
진한 향과 E.V.올리브 오일의 부드러움을
즐길 수 있다. 만드는 방법이 간단하고
보존성이 높은 것이 특징이다.

재료

생강 200g
레몬 껍질 5g
A | 마늘 소량
  | E.V.올리브 오일 50g

만드는 방법

1 생강은 껍질을 벗기고 큼직큼직하게
  자른다. 레몬 껍질도 적당한 크기로
  자른다.
2 볼에 **1**과 **A**를 넣고 핸드 블렌더로 페
  이스트 상태로 만든다.

보존방법·기간

냉장으로 1주일간, 냉동으로 3개월간 보
존 가능.

용도

가다랑어 카르파초

(요코야마 히데키/(食)마시카)

가다랑어 타타키를 서양식으로 만들었다. 껍질을 살짝 구운 가다랑어와 생선장魚醬과
비슷한 느낌의 안초비 소스가 잘 어울린다.
또 생강의 산뜻하게 매운맛을 곁들여 지방이 오른 가다랑어를 담백하게 먹을 수 있다.

재료 1인분

가다랑어 150g
빨간 양파(얇게 자른다) 30g
생강 소스(위) 20g
안초비 소스(p,84) 20g
어린 잎채소 적당량
마늘칩 적당량

만드는 방법

1 가다랑어는 껍질을 토치로 살짝 구워
  서 두툼하게 자른다.
2 빨간 양파는 물에 잠시 담가두었다가
  물기를 제거한다.
3 차가운 접시에 **2**를 깔고 그 위에 **1**을
  올린다. **1**에 생강 소스를 올리고 전

체적으로 안초비 소스를 두른다. 어
린 잎채소를 **1**의 위에 올리고 마늘칩
을 뿌린다.

라유

매운맛은 줄이고 향은 좋게

매운맛은 줄이고 향신료의 향을 즐길 수 있도록 재료를
배합한 라유(고추기름). 붉은 고추는 향이 좋은 중국 사천산
고추를 사용하였다.

재료

A
- 조천초 고추차오텐라쟈오 朝天辣椒
  (다우더)＊ 50g
- 호·쟈오 2g
- 즌 피陳皮 1g
- 퐅·각＊ 3쪽

면실유 360㎖

＊ 중국 사천산 붉은 고추
＊ 붓순나무과에 속하는 팔각의 8쪽의 열매
　가운데 3쪽 사용.

보존방법·기간

상온에서 2주간 보존 가능. 그 이상 두면
기름이 산화하여 맛이 좋지 않다

용도

군만두를 찍어 먹는 소스나 마파두부(p.73)를
마무리할 때 사용합니다. 매운맛이 강하지 않고 향이
좋기 때문에 요리의 맛이 소스의 맛에 묻히지 않고
매운맛과 향을 즐길 수 있습니다.
(니시오카 히데토시/렌게 에크리오시티)

만드는 방법

l 볼에 **A**를 넣는다.

2 중화냄비에 면실유를 붓고
연기가 날 때까지 열을 가한다.

3 l의 볼에 2의 기름을 넣는다.

4 기름을 모두 넣었으면 거품
기로 잘 섞는다. 식으면 면보에
거른다.

먹는 라유

바삭바삭한 식감과 고소한 향이 풍부하다

캐슈너트의 바삭바삭한 식감에 튀긴 양파의
단맛과 고소함, 마늘과 생강의 향이 어우러진 맛.
보존기간이 긴 것도 매력적이다.

재료

양파(얇게 자른다) 900g
카슈너트 300g
마늘(다진다) 200g
생강 200g
A │ 흰깨 300g
│ 참기름 200g
│ 고추기름(p.114) 6g
튀김용 기름, 볶음용 기름 각각 적당량

만드는 방법

1 양파는 약 170℃ 기름에 튀긴다. 연한 갈색으로 변하면 일단 꺼내서 기름을 제거한다. 노릇노릇한 갈색이 될 때까지 한 번 더 튀긴 다음, 여분의 기름을 제거한다.
2 캐슈너트는 방망이로 두들겨 잘게 부순다.
3 마늘은 노릇하게 볶아서 수분을 날린다.
4 생강은 껍질을 벗기고 잘게 다져서 수분을 날린다는 느낌으로 볶는다.
5 볼에 1~4를 따뜻할 때 넣고 섞은 다음 A를 넣고 다시 한 번 섞는다.

보존방법·기간

1개월간 냉장 보존 가능

용도

삶은 닭에 곁들이거나 히야얏코 위에 올려주어도 좋습니다. 삶은 중화면에 넣어 섞어주면 매콤하고 바삭한 식감을 즐길 수 있는 비빔면이 됩니다. 카레라이스에 토핑하면 맛에 깊이감이 생기고 식감도 좋습니다. (요코야마 히데키/(食)마시카)

파 기름

감칠맛을 내고 파의 향을 더해준다

실파에 소금을 뿌리고 뜨거운 기름을 부어
만든다. 담백한 요리에 뿌려주면 감칠맛과 향이
더해져 풍미가 풍부해진다.

재료

실파(얇게 자른다) 25g
샐러드유 120㎖
소금 1/4작은술

만드는 방법

1 실파와 소금은 내열용기에 넣고 섞는다.
2 프라이팬에 샐러드유를 넣고 170℃로 달군 다음 1에 부어 섞는다.

보존방법·기간

만들어서 그날 모두 사용한다. 다음날이 되면 파의 색과 향이 좋지 않다.

용도

베트남에서는 다양한 요리에 사용하는 향미유입니다. 예를 들어 바지락이나 대합구이에 양파튀김이나 다진 땅콩을 곁들인 다음 이 소스를 부어줍니다. 또 바삭하게 구운 돼지고기나 닭 가슴살에 곁들이거나, 베트남 샌드위치 반미에 넣는 고기에 섞거나, 분짜조(춘권과 허브를 올린 비빔면)에 뿌려줍니다. 드레싱에 섞거나, 남플라(태국의 발효 생선 소스)와 느억 맘으로 만든 파스타에 뿌려도 좋습니다. (아다치 유미코/마이마이)

향유

파와 생강의 향만을 추출

파와 생강을 자르지 않고 통으로 기름에 넣고 열을
가해서 그 향만 기름에 추출한다. 파와 생강의 향은
필요하지만 파, 생강 자체가 들어가면 요리에 방해가
될 때 사용한다.

재료

대파의 파란 부분 3개분
생강 30g
면실유 360㎖

만드는 방법

1 생강은 껍질을 벗기고 칼로 두들겨
으깬다.
2 중화냄비에 면실유, 대파의 파란 부
분, 1을 넣고 불에 올린다. 기름 온도
가 170℃ 정도가 되어 향이 나기 시작
하면 불을 끄고 식힌다.
3 2를 면보에 거른다.

보존방법·기간

2주간 냉장 보존 가능

용도

<u>유바</u>(두유막), <u>버섯, 전복</u> 등을 볶을 때 사용합니다.
식재료 본연의 맛을 즐기는 요리에 어울립니다.
또 파와 생강의 향은 입히고 싶지만 파와 생강이
주재료의 식감을 방해하기 때문에 넣고 싶지 않을
때 사용합니다. 이 기름은 파와 생강의 향만 요리에
첨가할 수 있습니다.
(니시오카 히데토시/렌게 에크리오시티)

갈릭 오일

마늘 향과 기름의 감칠맛을 더하고 싶을 때

마늘은 잘게 다져서 볶아줌으로써 단시간에
향을 추출한다. 기름을 거르지 않고 마늘을
그대로 사용하여 바삭하게 구워진 마늘의
식감도 함께 즐긴다.

재료

마늘(잘게 다진다) 2큰술
샐러드유 90㎖

만드는 방법

1 프라이팬에 마늘과 샐러드유를 넣는
다. 가끔 저어주면서 마늘이 노릇노
릇해질 때까지 볶는다.

보존방법·기간

3~4일간 냉장 보존 가능

용도

마늘 향과 기름의 감칠맛을 더하고 싶을 때 사용하면
편리합니다. 베트남에서는 <u>잘게 찢어서 삶은 닭고기와 채를
썬 양배추</u>를 갈릭 오일과 느억 맘(p.150)으로 버무린 <u>'고이가'</u>
라고 하는 요리가 있습니다. 다양한 요리에 사용하는 소스지만
<u>볶음이나 수프, 국수</u>에 감칠맛을 더하기 위해 뿌려주거나
<u>드레싱</u>에 섞어 잎채소 <u>샐러드</u>의 소스로 사용해도 좋습니다.
(아다치 유미코/마이마이)

마파두부 소스

미리 준비해두면 조리시간을 단축

면실유 100㎖
말린 홍고추 3개
A 대파(잘게 다진다) 2뿌리
　 생강(잘게 다진다) 2쪽
　 마늘(잘게 다진다) 4쪽

1　중화냄비에 면실유와 홍고추를 넣고 불 위에 올린다.
2　기름이 달구어지면 A를 넣고 냄새가 올라올 때까지 가열한다.

1주일간 냉장 보존 가능

두반장과 같은 조미료와 다른 재료를 넣기만 하면 마파두부를 만들 수 있는 편리한 소스.
물론 마파가지, 마파당면에도 사용할 수 있다.

마파두부(아래)에 사용합니다. 안에 넣는 식재료를 바꾸어 마파가지, 마파당면에 사용하기도 합니다.
(니시오카 히데토시/렌게 에크리오시티)

마파두부

(니시오카 히데토시/렌게 에크리오시티)

마파두부 소스를 미리 준비해두면 조리시간을 단축하면서 정식 마파두부를 만들 수 있다.
마지막에 향이 풍부한 직접 만든 라유를 뿌리면 맛이 더 살아난다.

재료

두부(연두부) 한 모(약 300g)
다진 돼지고기 50g
A 마파두부 소스(위) 1큰술
　 두반장 1작은술
　 두시豆豉*(잘게 다진 것) 1작은술
B 중국 간장(노추왕) 5㎖
　 일본주(청주) 90㎖
　 닭 육수(p.197) 90㎖
라유(p.70), 녹말물 소금, 그라뉴당
각각 적당량

* 콩의 씨를 삶아서 발효시킨 것

만드는 방법

1　두부는 1~2㎝ 크기의 주사위 모양으로 자른다.
2　중화냄비에 A를 넣고 불에 올린다. 향이 올라오견 다진 돼지고기를 넣고 볶는다.
3　돼지고기의 색이 변하면 B를 넣고 섞은 다음 소금과 그라뉴당으로 간을 한다.
4　1을 넣고 두부가 따뜻해지면 녹말물을 넣어 되직하게 농도를 맞춘다. 라유를 두르고 접시에 담는다.

조개관자 기름

깔끔한 감칠맛만 기름에 추출

말린 조개관자와 면실유를 저온으로 볶아 깔끔한 감칠맛만 기름에 추출한다. 감칠맛을 조금 더 추가하고 싶은 요리에 한 방울 뿌려주면 맛이 한층 더 입체적으로 변한다.

재료

불린 조개관자* 100g
면실유 360㎖

* 알코올을 날린 일본주에 하루 담가둔 것

만드는 방법

1 면실유를 170℃로 달군 다음 불린 조개관자를 넣는다. 섞어주면서 가열한다.

2 조개관자가 갈색이 되면 불을 끄고 식힌다. 면보에 거른다.

보존방법·기간

1개월간 냉장 보존 가능

용도

요리에 감칠맛을 더하고 싶을 때 사용합니다. 일본 라면이나 <u>수프, 무침</u>, 채소(<u>데친 오크라, 오이</u>나 <u>양하 가지 절임</u> 등)에 뿌려주어도 좋습니다. 나물을 무칠 때 참기름 대신 사용하면 색다른 맛을 즐길 수 있습니다. (니시오카 히데토시/렌게 에크리오시티)

소스&딥 Collection 4 · 다양한 파스타 소스

타야린에!

● 바지락 버터(p.58)
바지락 육수와 감자 삶은 국물을 끓인 다음 버터와 생크림을 넣어 만든 소스

라비올리에!

● 살사 디 노치(p.164)
이탈리아 리구리아 주에서는 푸른 잎채소를 넣어 만든 작은 라비올리에 이 소스를 사용한다.

페스토 트라파네제(p.97)
마늘, 아몬드, 토마토, 바질로 만드는 시칠리아의 소스. 나선 모양의 롱 파스타인 부시아테의 소스로 사용한다.

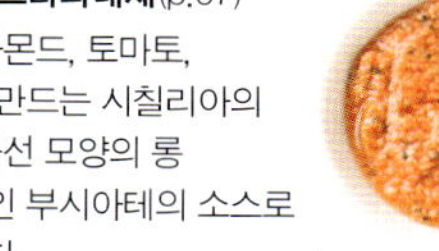

부시아테에!

스파게티에!

● 베트남식 토마토 소스(p.91)
베트남 생선장인 느억 맘으로 간을 한 아시아풍 토마토 소스

카펠리니에!

오레키에테에!

● 병아리콩 페이스트(p.118)
나폴리에서는 파스타 소스로도 사용한다. 파스타에 병아리콩을 삶아서 넣는다.

● 갯장어 육수 가지 소스(p.86)
갯장어의 머리와 뼈로 우려낸 육수에 갯장어의 내장과 가지를 끓인 소스

● 가스파초 소스(p.94)
스페인의 차가운 스프에 변화를 주었다. 참마를 넣어 걸쭉하게 만든 소스

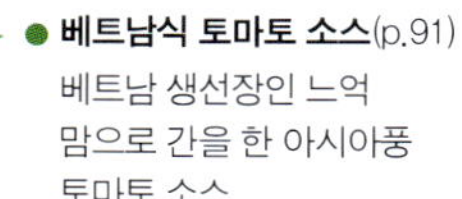
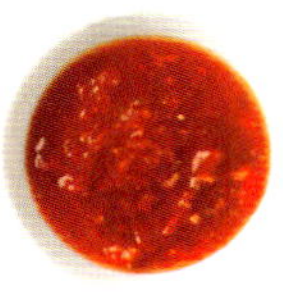

Part
5

육류 & 어패류

육류와 어패류 딥은 그 자체로 요리가 되는 경우가 많고
빵에 곁들이면 전채요리가 된다. 만들어두면 바로 요리로
낼 수 있다는 점이 마력이다. 또 어패류의 감칠맛을 우려낸
소스는 채소, 육류, 어패류 요리에 뿌리거나 곁들이면
완성드 높은 맛을 낼 수 있다.

리예트

기름 대신에 프로마쥬 블랑을 사용하여 가볍게

기름 대신에 프로마쥬 블랑을 사용한 리예트^{Rillette}.
부드럽게 삶은 고기에 기름을 섞어 만드는 보통
리예트에 비해 맛이 가볍다. 또 아몬드를 넣어
고소함과 식감을 더해주었다.

저료

돼지고기 삼겹살 200g
소금누룩 80g
프로마쥬 블랑 200g
아몬드(다진다) 50g
E.V.올리브 오일 적당량

만드는 방법

1 돼지고기 삼겹살은 소금누룩을 발라
랩으로 싸서 냉장고에서 약 12시간
정도 숙성시킨다.
2 1을 E.V.올리브 오일과 함께 진공팩
에 넣어 60℃의 스팀 컨벡션 오븐에
서 3시간 가열한다.
3 진공팩에서 고기를 꺼내어 기름 부
위와 빠져나온 육수는 버린다. 살을
밀방망이로 으깨어 프로마쥬 블랑과
아몬드를 섞는다.

보존방법·기간

냉장으로 3일간 냉동으로 2일간 보존
가능

용도

빵을 곁들여 애피타이저로 이용해도 좋습니다.
속 재료로 사용해도 좋기 때문에 튀김옷을 입혀서
작은 **크로켓**이나 **춘권**을 만들기도 하고, **고추** 속에
채워 고추전을 만들기도 합니다.
(아라이 노보루/레스토랑 오마주)

라구

채소와 고기의 감칠맛이 확실하게 응축된 소스

향미 채소와 토마토, 다진 소고기를 푹 끓여서
채소와 고기의 감칠맛을 확실하게 살린 소스.
재료를 확실히 익힌 다음에 다음 재료를 넣는 것이
중요하다. 이렇게 함으로써 소스가 묽어지는 것을
막고 감칠맛을 응축할 수 있다.

재료

다진 소고기 500g
닭 간 60g
마늘 1쪽
양파(잘게 자른다) 100g
당근(잘게 자른다) 100g
셀러리(잘게 자른다) 100g
레드 와인 350g
포르치니(건조한 것)* 10g
토마토 페이스트 55g
토마토 소스Whole tomato 550g
파르미지아노 레지아노(있으면 사용)
3.5×7㎝ 정도 크기

월계수 잎 2장
로즈마리 2장
올리브 오일, 소금 각각 적당량

* 물에 불려 둔다. 불린 물도 사용하기 때문
에 버리지 말고 준비해둔다.

보존방법·기간

3일간 냉장 보존 가능. 지퍼 비닐 백에 넣
어 냉동하면 15일간 보존 가능

용도

이탈리아 에밀리아로마냐 주에서는 주로 직접 만든 파스타의
소스로 사용하지만 건면에도 잘 어울립니다. 파스타는
탈리아텔레처럼 납작한 파스타에 사용하는 경우가 많습니다.
라자냐나 그라탱의 소스로 사용해도 좋습니다. 이탈리아에서는
지방에 따라 다양한 라구 레시피가 있는데 화이트 와인을 사용하는
경우도 있지만 레드 와인을 사용하는 레시피가 일반적입니다.
와인을 사용하지 않거나 버터를 넣는 경우도 있습니다.
이 레시피에는 닭의 간을 넣었는데 토스카나 지방에서는 토끼의
간을 사용합니다. (유아사 잇세이/비오디나미코)

만드는 방법

소프리토를 만든다

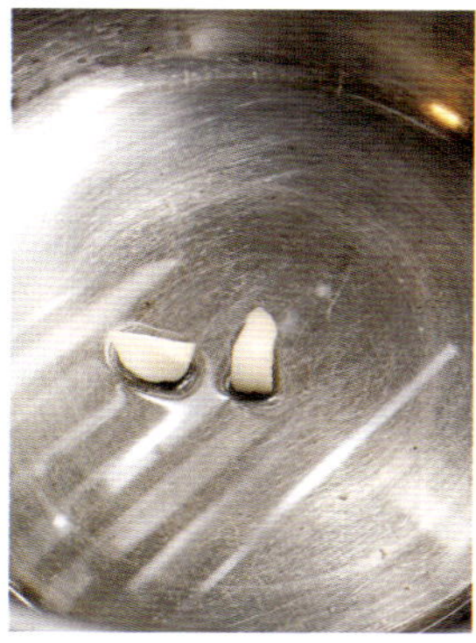

I 냄비에 올리브 오일을 두르
고 반으로 잘라 심을 제거한 마
늘을 넣는다.

2 마늘향이 올라오면 불을 강
하게 한다. 기름이 달구어지면 양
파를 넣고 타지 않게 빠르게 볶
는다.

3 양파가 노릇노릇하게 볶아
지면 당근과 셀러리를 넣고 빠르
게 볶는다. 불은 계속 강불을 유
지한다.

4 기름으로 채소를 코팅하면서
수분을 날린다는 느낌으로 볶는
다. 세 가지 채소가 하나가 된 냄
새가 나면 완성이다.

1 소프리토 냄비에 다진 소고기를 넣는다.

2 고기를 펼쳐서 골고루 볶는다. 뭉친 고기는 볶는 사이에 자연스럽게 풀어지기 때문에 무리해서 풀어주려고 하지 않아도 괜찮다.

3 고기를 볶는 소리가 수분을 포함한 소리에서 수분이 날아가서 건조한 소리로 바뀌면 닭 간을 넣고 함께 볶는다.

4 닭 간의 표면이 노릇하게 변하면 레드 와인을 넣고 냄비 아래의 감칠맛이 어우러지도록 저어주면서 알코올을 완전히 날린다.

5 냄새를 맡아도 숨이 막히거나 답답하지 않으면 알코올이 완전히 날아갔다는 증거이다. 이 시점에서 포르치니를 넣는다. 포르치니를 불린 물은 나중에 넣어주어야 하기 때문에 따로 분리해둔다.

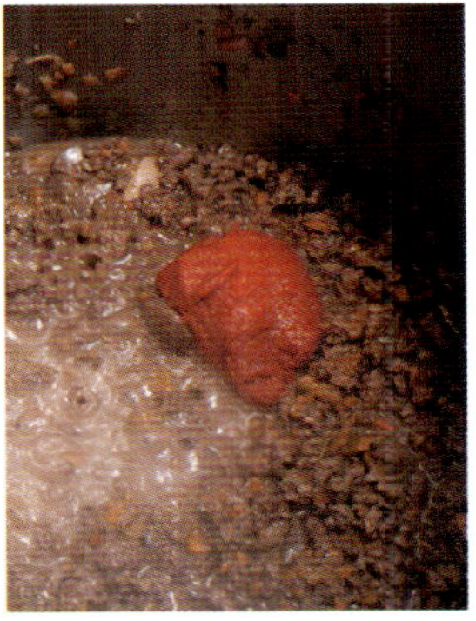

6 토마토 페이스트를 넣는다.

7 토마토 페이스트가 섞인 상태

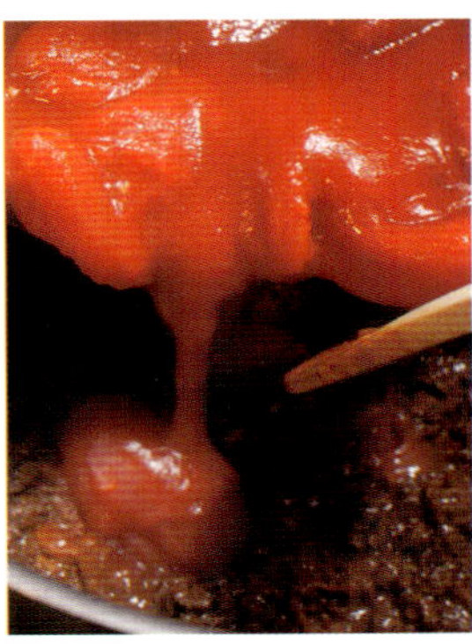

8 **7**의 상태가 되면 토마토 소스를 넣는다.

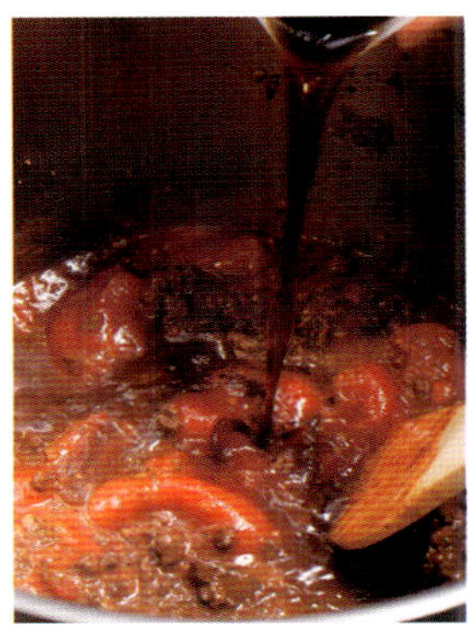

9 **5**에서 따로 분리해둔 포르치니 불린 물을 넣고 잘 섞는다.

10 토마토 소스와 포르치니 불린 물이 섞이면 파르미지아노 레지아노를 넣는다.

11 월계수 잎과 로즈마리를 넣고 약불에 3시간 끓인다. 끓이는 중간에 타지 않도록 한 번씩 저어준다. 마지막에 소금으로 간을 한다.

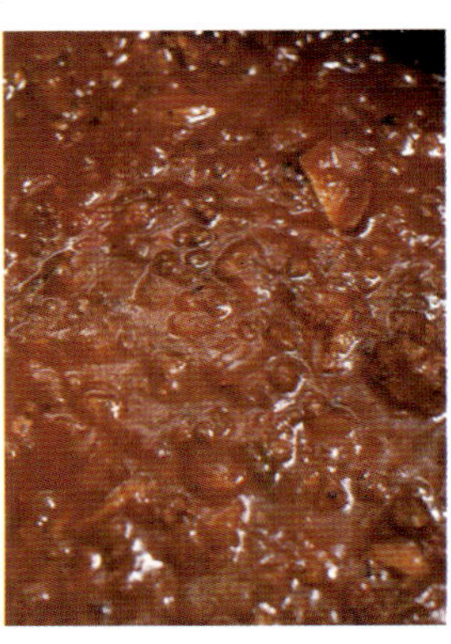

12 완성된 상태. 식힌 다음 여름에는 냉장고에서, 겨울에는 상온에서 하룻밤 정도 숙성시킨다.

리버 페이스트

리버의 감칠맛이 강하게 느껴지는 맛

레드 와인을 듬뿍 넣고 케이퍼로 산미를, 안초비로
짠맛을 더해준 리버 페이스트. 리버(간)의 감칠맛을
확실히 느낄 수 있도록 하였다.

재료

닭 간(염통이 붙은 것) 500g
양파 100g
당근 100g
셀러리 100g
안초비 페이스트 15g
케이퍼 15g
레드 와인 250g
올리브 오일 적당량

만드는 방법

1 닭 간을 깨끗하게 손질한다. 염통은
세로로 반을 잘라 뭉쳐 있는 피와 혈
관을 제거한다. 간은 심줄을 제거한
다. 간을 너무 작게 자르지 않도록 주
의한다.

2 양파, 당근, 셀러리는 잘게 다진다.

3 냄비에 올리브 오일을 두르고 약불에
달군다. **2**를 넣고 단맛이 빠져나오도
록 15분간 볶는다.

4 안초비 페이스트와 케이퍼를 넣고 강
불에 볶는다.

5 고소한 향이 나면 **1**을 넣는다.

6 닭 간이 익으면 레드 와인을 넣고 중
불에 약 30분간 끓인다.

7 믹서에 **6**을 넣고 부드러워질 때까지
돌린다.

보존방법·기간

냉장에서 2일간, 진공 팩에 담아 냉동하
면 15일간 보존 가능. 해동을 할 때는 중
탕 등으로 반드시 가열을 한 다음에 사용
한다. 그렇게 하지 않으면 냄새가 나기
쉽다. 이때 너무 가열하면 퍼석퍼석해지
기 때문에 주의해야 한다.

용도

리버 페이스트를 만드는 방법은 다양한데
이 레시피는 이탈리아 토스카나 주에서 배운
것입니다. 토스카나에서는 리버 페이스트는
전채 요리에 자주 나옵니다. 소금을 넣지 않은
무염 빵을 구워서 발라 먹습니다.
(유아사 잇세이/비오디나미코)

브랑다드

소금으로 염장한 흰살생선으로 간단히 게 만들 수 있는 페이스트

브랑다드Brandade는 말린 대구로 만드는
페이스트지만 이 레시피에서는 소금으로 염장한
흰살생선을 사용하였다. 흰살생선이라면 어떤
생선이라도 괜찮다. 남은 식재료를 활용할 수도
있고 손님들은 색다른 맛을 즐길 수 있다.

염장한 흰살생선 아래 재료로 30g

흰살생선 적당량

소금 적당량

감자 200g

우유 적당량

마늘 1쪽

타임 1장

생크림(유지방 38%) 100g

E.V.올리브 오일 20g

소금, 후추 각각 적당량

1 흰살생선을 소금으로 염장한다. 흰살생선은 껍질을 벗기고 전체적으로 소금을 듬뿍 뿌려서 12시간 정도 냉장고 안에 둔다. 사용하는 어종은 흰살생선이라면 대구, 벤자리, 오나가, 도미 등 어떤 생선도 괜찮으며 꼬리에 붙어있는 살처럼 자투리 살을 사용해도 좋다.

2 **1**의 소금을 물로 씻어내고 수분을 제거한 다음 잘게 다진다. 냄비에 넣고 우유를 부은 다음 마늘과 타임을 넣는다. 생선이 익을 때까지 약불에 끓인다.

3 감자는 껍질을 벗기고 1㎝ 두께로 자르고 부드러워질 때까지 삶는다. 감자가 다 익었으면 물을 버리고, 다시 냄비에 넣어 불 위에 올린 다음 흔들면서 수분을 날려준다.

4 **2**를 체에 받쳐서 끓인 물은 버린다. 타임은 따로 골라 믹서에 **3**과 같이 넣는다. 내용물이 부드러워질 때까지 돌린 다음 생크림, E.V.올리브 오일을 넣고 다시 믹서로 섞는다. 소금과 후추로 간을 한다.

2일간 냉장 보존 가능

작고 동그랗게 반죽을 하여 튀김옷을 입힌 다음 한입 크기의 **크로켓**을 만들어 **애피타이저**로 사용하거나 **마카로니** 구멍에 채워 치즈를 올리고 구워서 손님에게 제공하기도 합니다. **부야베스**에도 잘 어울립니다. 그대로 먹어도 맛있기 때문에 **빵**을 곁들여 심플한 **애피타이저**로 사용해도 좋습니다. (아라이 노보루/레스토랑 오마주)

오징어 먹물 소스[1]

오징어의 '먹물+살+내장'을 사용한 진한 소스

오징어의 살과 내장도 사용하여 오징어의
감칠맛을 충분히 살린 오징어 먹물 소스.
레드 와인을 베이스로 감칠맛을 내는 것도
포인트이다. 거를 때는 오징어 먹물이 덩어리가
생기지 않도록 고운 체에 확실히 걸러준다.

재료

레드 와인 3kg

오징어 먹물 600g

A
양파(적당한 크기로 자른다) 600g
당근(적당한 크기로 자른다) 400g
셀러리(적당한 크기로 자른다) 200g
바지락 육수(p.58) 2kg

오징어 3kg

마늘(얇게 저민다) 150g

홍고추 4g

양파(주사위 모양으로 자른다) 1.2kg

홀토마토(적당히 자른다) 3kg

올리브 오일 적당량

만드는 방법

1 레드 와인은 양이 반으로 줄어들 때
까지 끓인다. 오징어 먹물을 넣고 핸
드 블렌더로 섞은 다음 다시 반으로
줄어들 때까지 끓인다. 고운 채에 거
른다.

2 냄비에 **A**를 넣고 중불에 끓인다. 국
물이 반으로 줄면 걸러서 건더기는
버리고 육수는 따로 둔다.

3 오징어를 손질하여 내장은 큼직하게
자르고 살은 길게 자른다.

4 냄비에 올리브 오일을 두르고 마늘과
홍고추를 노릇하게 굽는다.

5 **4**에 양파를 넣고 볶는다. 단맛이 빠
져나오기 시작하면 **3**의 오징어 내장
을 넣고 함께 볶는다.

6 **5**에 **3**의 오징어 살을 넣고 수분을 확
실히 날린다는 느낌으로 볶는다.

7 **6**에 홀토마토와 **1**, **2**를 넣고 오징어
가 부드러워질 때까지 끓인다.

보존방법·기간

냉장으로 2주간, 냉동으로 12주간 보존
가능

용도

<u>파스타 소스</u>는 물론 리소토에도 사용할 수 있습니다.
또 <u>리소토를 채운 오징어</u>를 이 소스로 <u>끓여주거나</u>
이탈리아식 오믈렛인 <u>프리타타</u>frittata의 달걀물에
섞으면 색다른 연출을 할 수 있습니다. 많이 만들어
1인분씩 소분하여 냉동해두면 편리합니다.
(요코야마 히데키/(食)마시카)

오징어 먹물 소스²

토마토 소스와 생선으로 우려낸 육수로 감칠맛을 더했다

흰살생선의 뼈로 우려낸 육수와 토마토 소스를
넣은 심플한 오징어 먹물 소스. 두 가지 감칠맛이
오징어 먹물 자체의 감칠맛과 풍미를 확실히
살려준다.

재료

오징어 먹물 페이스트 4g
마늘(다진다) 4g
양파 소프리토** 15g
호이트 와인 20g
토마토 소스(아래) 35g
생선 육수(아래) 300g
올리브 오일 10g

* 양파 소프리토 만드는 방법: 양파를 잘게
  다진다. 냄비에 양파 무게의 반 정도의 올
  리브 오일을 넣고 달군 후 양파를 넣고 노
  릇노릇하게 약불에 볶는다.

보존방법·기간

3~4일간 냉장 보존 가능

용도

보통은 <u>리소토</u>나 <u>파스타 소스</u>로 사용합니다. 이번에는 생선
육수를 사용했지만 조개를 사용한 요리에 이용할 때는
육수의 일부를 바지락 육수로 합니다. 위가 발달한 크고
싱싱한 갑오징어가 들어오는 늦봄부터 초여름에는 갑오징어
먹물을 사용하고 그 이외의 계절에는 시판되는 오징어 먹물
페이스트를 사용하면 됩니다.
(오카노 유타/일 테아트리노 다 살로네)

토마토 소스

냄비에 홀토마토(800g), 바질(2
장), 올리브 오일(50g), 소금(4g)
을 넣고 강불에 끓인다. 끓으면
약불에 40분간 끓인 다음 거른다.

생선 육수

냄비에 올리브 오일을 두르고 얇
게 자른 양파(1개), 당근(1개), 셀
러리(2줄기)를 넣고 강불에 볶는
다. 노릇하게 볶아졌으면 생선 뼈
(2kg)와 물(8ℓ)를 넣고 끓인다. 끓
어오르면 거품을 제거하고 약불
에 1시간 정도 끓인다. 끓이면서
거품이 생기면 제거해준다.

1 냄비에 올리브 오일을 두르고 마늘을 넣고 볶는다.

2 마늘 향이 올라오면 양파 소프리토를 넣고 섞는다.

3 화이트 와인을 넣고 알코올을 날려준다.

4 오징어 먹물 페이스트를 넣는다.

5 토마토 소스를 넣는다.

6 생선 육수를 넣는다.

7 끓인다.

8 약불에 40분간 걸쭉해질 때까지 끓인다. 사진은 완성된 상태.

오징어 먹물 리소토

(오카노 유타/일 테아트리노 다 살로네)

오징어 먹물 소스는 향과 맛이 날아가지 않도록 마지막에 넣고, 갑오징어는 다른 냄비에 반 정도 소테하여 넣는다. 심플하게 보이지만 오징어 먹물과 오징어의 감칠맛이 직접적으로 전달되도록 세심한 배려를 한 메뉴이다.

재료 1인분

쌀(이탈리아산 카르나롤리) 60g
오징어 먹물 소스(p.81) 35g
갑오징어 40g
양파 소프리토(p.81) 5g
화이트 와인 20g
생선 육수(p.81) 300g
이탈리안 파슬리(잘게 다진다) 적당량
올리브 오일, 버터, E.V.올리브 오일,
후추 각각 적당량

만드는 방법

1 냄비에 양파 소프리토를 넣고 그 기름으로 쌀을 볶는다. 쌀이 투명해지면 화이트 와인을 넣고 알코올을 날려준다.

2 1에 쌀이 잠길 정도로 생선 육수를 넣고 끓인다. 수분이 없어지면 다시 쌀이 잠길 정도로 생선 육수를 넣는다. 이 작업을 반복하여 꼬들꼬들하게 밥을 짓는다.

3 갑오징어를 한입 크기로 잘라 올리브 오일에 살짝 굽는다. 일부는 장식용으로 따로 둔다.

4 2에 오징어 먹물 소스를 넣고 섞는다. 3의 장식용 이외의 갑오징어를 넣는다. 버터, 올리브 오일, E.V.올리브 오일, 후추를 넣고 전체적으로 골고루 섞는다.

5 4를 접시에 담은 다음 3의 장식용 갑오징어를 올리고 이탈리안 파슬리를 뿌린다.

안초비 소스

이탈리아 요리에 간장처럼 넣는 소스

안초비 300g
레드 와인 600g

1 안초비는 프라이팬에 볶아서 풀어
  준다.
2 레드 와인을 넣고 반 정도로 양이 줄
  어들 때까지 끓인다.
3 체에 걸러 안초비 뼈를 발라낸다.

1개월간 냉장 보존 가능

이탈리아 요리에 간장을 넣고 싶지는 않지만 간장의
감칠맛을 첨가하고 싶다는 생각에 만든 소스.
들어가는 재료는 안초비와 레드 와인 두 가지로
심플하지만 짠맛과 감칠맛이 살아있는 깊은 맛이다.

가다랑어와 같은 등 푸른 생선 카르파초에 뿌려서
먹는 것을 추천합니다. 또 참치회를 이 소스와 같이
진공 팩에 넣어두면 초밥집의 간장에 절인 참치와
같은 상태가 됩니다. 올리브 오일을 첨가하면
드레싱으로도 사용할 수 있습니다. 생선장魚醬과
같은 느낌으로 사용하면 좋을 것 같습니다.
(요코야마 히데키/(食)마시카)

가다랑어 카르파초

(요코야마 히데키/(食)마시카)

가다랑어 타타키를 서양식으로 만든 카르파초(만드는 방법 → p.68).
안초비 소스(위)를 뿌리고 생강 소스(p.68)를 가다랑어 위에 올려주었다.

성게 바냐

바냐 카우다에 성게를 넣어 감칠맛을 더해 주었다

안초비와 마늘의 감칠맛으로 채소를 먹는
바냐 카우다 소스에 찐 성게를 넣어 섞은 소스.
성게의 감칠맛이 더해져 채소뿐만 아니라
어패류 요리에도 잘 어울린다.

재료

성게 100g
마늘 100g
우유 200㎖
안초비 30g
생크림(유지방 42%) 75㎖
소금 적당량

만드는 방법

1. 성게에 소금을 뿌리고 찜기에 넣어 약불에 찐다.
2. 마늘은 우유로 부드러워질 때까지 끓인다. 끓인 우유는 버리고 마늘은 체에 거른다.
3. 안초비는 체에 거른다.
4. **1**, **2**, **3**을 섞은 다음 생크림을 넣고 한 번 더 섞는다.

보존방법·기간

4일간 냉장 보존 가능

용도

채소스틱이나 **따뜻한 채소, 생선 튀김**에 곁들이면 좋습니다.
(요네야마 다모쓰 / 포쓰라포쓰라)

은어 생강 딥

은어 내장의 쓴맛에 생강의 산뜻함을 더했다

생강과 함께 콩피한 은어를 통째로 푸드
프로세서에 넣고 갈아 페이스트로 만들었다.
은어 내장의 쌉사름한 맛에 생강의 산뜻한
향을 더해주었다.

재료

은거 3마리
생강 40g
올리브 오일, 소금 각각 적당량

만드는 방법

1. 은어는 소금을 뿌린 다음 하루 정도 두었다가 수분을 닦아낸다.
2. 철제 냄비에 **1**과 생강을 넣고 생강이 잠길 정도로 올리브 오일을 넣는다. 뚜껑을 덮고 100℃로 예열한 오븐에 5시간 가열한다.
3. **2**를 체에 걸러 기름은 버린다. 은어와 생강은 믹서에 넣고 부드럽게 갈아준다.

보존방법·기간

4~5일간 냉장 보존 가능

용도

바게트를 곁들이면 와인에도 일본주에도 잘 어울리는
안주가 됩니다. 은어는 오이와 비슷한 향이 있어서
오이와도 어울립니다. (요네야마 다모쓰 / 포쓰라포쓰라)

갯장어 육수 가지 소스

갯장어를 통째로 먹기 위한 소스

갯장어의 뼈에서 감칠맛을 추출한 다음 내장을 넣어서 식감을 더해준 소스. 가지의 은은한 단맛이 어우러져 담백하면서도 깊은 맛이 난다. 갯장어를 사용한 요리에 곁들이면 갯장어를 통째로 먹는 것이 된다.

재료

갯장어 뼈 200g

갯장어 머리 200g

A
- 양파(얇게 자른다) 300g
- 당근(얇게 자른다) 200g
- 셀러리(얇게 자른다) 100g
- 시메지 버섯(얇게 자른다) 80g
- 생강(얇게 저민다) 80g
- 화이트 와인 100g
- 바지락 육수(p.58) 2kg

갯장어 내장(알, 부레, 위, 간) 100g

가지 500g

만드는 방법

1. 갯장어 뼈는 적당한 크기로 잘라 뜨거운 물에 담가 핏물을 뺀다. 머리는 뜨거운 물에 담가 표면의 점액을 제거한다.
2. **2**를 바트에 담아 250℃로 예열한 오븐에 20~25분간 굽는다. 비린내가 나지 않도록 완전히 굽는다.
3. 냄비에 **A**를 넣고 거품을 제거하면서 30분 정도 끓인다.
4. **3**의 냄비에 **2**를 넣고 30분간 더 끓인다.
5. 육수를 거른다.
6. 갯장어 내장은 삶은 다음 적당한 크기로 잘라 **5**에 섞는다.
7. 가지는 석쇠에 올려 직화로 구워서 얼음물에 담갔다가 껍질을 벗긴다. 껍질을 벗길 때 나오는 국물도 사용하기 때문에 버리지 않는다.
8. **7**을 식혀서 1㎝ 크기의 주사위 모양으로 자른다.
9. **6**에 **7**에서 가지 껍질을 벗길 때 나온 국물과 **8**을 섞은 다음 용기에 넣어 냉장고에서 차갑게 굳힌다.

보존방법·기간

1주일간 냉장 보존 가능.

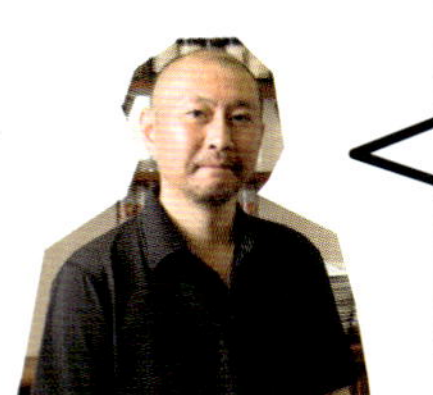

용도

차가운 상태로 으깨어 '**갯장어 가지 카펠리니**(p.87)' 소스로 사용하고 있지만 따뜻하게 해서 **파스타 소스**로 사용해도 좋습니다. 아니면 이 소스로 갯장어를 삶은 다음 차갑게 하여 손님들에게 제공해도 좋습니다. 장기간 보존하면 향이 날아가기 때문에 빨리 사용해 주세요.
(요코야마 히데키/(食)마시카)

갯장어 가지 카펠리니

(요코야마 히데키/(食)마시카)

갯장어의 감칠맛을 산뜻하게 즐길 수 있는 여름철 차가운 파스타.
곁들인 그라니타는 생강의 매운맛이 들어가 있어서 갯장어의 감칠맛,
토마토와 가지의 단맛을 살려준다. 보기에도 예쁜 요리이다.

재료 1인분

갯장어(뼈를 제거한 것) 100g

카펠리니 50g

소스

　갯장어 육수 가지소스(p.86) 150g

　토마토* 30g

　레몬즙 5g

　E.V. 올리브 오일 5g

생강 그라니타(p.125) 50g

어린 잎채소 적당량

소금 적당량

* 껍질을 벗기고 주사위 모양으로 자른 것

만드는 방법

1 갯장어는 뜨거운 물에 데친 다음 토치로 표면을 살짝 구워 먹기 좋은 크기로 자른다.

2 소스의 재료를 모두 섞는다.

3 카펠리니는 소금을 넣고 삶아서 얼음물에 헹군다. 수분을 제거하고 소금을 가볍게 뿌린 다음 **2**의 소스에 버무린다.

4 접시에 **3**을 담고 **1**을 올린다. 그 주위에 생강 그라니티를 적당한 크기로 깨어 올리고 어린 잎채소로 장식한다.

가다랑어 내장 젓갈 앙

곁들이거나 버무리기만 하면 술안주가 된다

일본어로 가다랑어 내장 젓갈을 '술도둑酒盗'이라고
한다. 이름처럼 술이 계속 생각나는 맛이다. 소스로
만들어두고 채소나 어패류에 곁들이기만 하면 멋진
술안주가 완성된다.

재료

가다랑어 내장 젓갈 25g
일본주 100㎖
달걀노른자 5개

만드는 방법

1 냄비에 가다랑어 내장 젓갈과 일본
주를 넣고 양이 반으로 줄 때까지 끓
인다.

2 1을 식혀서 걸러준 다음 달걀노른자
를 풀어 섞는다. 중탕기에 넣고 나무
주걱으로 섞는다. 걸쭉해지면 불을
끄고 고운 체에 거른다.

보존방법·기간

1주일간 냉장 보존 가능

용도

가다랑어 내장 젓갈 앙을 곁들인 구운 순무 (앞쪽)
가다랑어 내장 젓갈 앙으로 버무린 전복 홍고추 (뒤쪽)

(요네야마 다모쓰 / 포쓰라포쓰라)

가다랑어 내장 젓갈의 감칠맛을 더한 달걀노른자 앙은 요리에 곁들일 때
사용하고, 육수로 연하게 하면 버무릴 때 사용할 수 있는 편리한 소스이다.
굽거나 데친 채소에 곁들이거나 버무려주기만 하면 멋스러운 안주가 된다.

가다랑어 내장 젓갈 앙을
곁들인 구운 순무

만드는 방법 1인분

1 순무(1개)는 잎을 뿌리에서 1.5㎝ 정
도 남기고 잘라준다. 뿌리 쪽에 흙이
묻어있으면 깨끗하게 씻어준다. 껍질
을 벗기고 가로로 반을 자른다.

2 프라이팬에 올리브 오일을 두르고 1
을 노릇노릇하게 굽는다.

3 2를 접시에 담아 가다랑어 내장 젓갈
앙(위, 1큰술)을 곁들인다.

가다랑어 내장 젓갈 앙으로
버무린 전복 홍고추

만드는 방법

1 전복은 소금으로 씻은 다음 다시마에
올려 중불에 3시간 정도 찐다.

2 홍고추(적당량)는 통째로 170℃ 기름
에 튀겨 절임물(육수 6, 맛술 1, 간장
1의 비율로 섞어서 끓인 다음 식힌
것)에 절여둔다.

3 전복(1/3개)은 두께 5㎜ 정도로 어슷
썰기 한다.

4 홍고추(1개)를 절임물에서 꺼내 꼭지
를 딴 다음 한입 크기로 자른다.

5 3과 4를 섞어 가다랑어 내장 젓갈 앙
(위, 적당량)으로 버무린다.

김 줄레

줄레 상태의 소스에 생김을 섞는다

토사즈 줄레(p.144)에 변화를 준 소스.
식초를 넣지 않고 생김의 풍미를 살려주었다.
산미를 첨가하지 않기 때문에 다양하게
사용할 수 있다.

재료

육수 줄레

육수(p.197) 1080㎖
간장 90㎖
미림 90㎖
판 젤라틴 18g
생김 적당량

만드는 방법

1. 육수 줄레를 만든다. 육수를 끓여 간장과 미림을 넣고 끓어오르기 전에 불을 끄고 거른다. 물에 불린 판 젤라틴을 녹인다.
2. 밀폐용기에 담아 얼음물에 담가 식힌 다음 냉장고에 넣어 굳힌다. 사용할 때는 적당한 크기로 으깨어 사용한다.
3. 육수 줄레 2큰술에 생김 1작은술을 넣어 잘 섞는다.

보존방법·기간

2~3일간 냉장 보존 가능

용도

김과 블랙 올리브 소스

바다향이 가득한 소스

태운 버터에 구운 김과 블랙 올리브를
넣어 바다향이 가득한 검은 소스. 하얀
식재료나 요리에 곁들이면 흑백의 조화가
인상적인 요리가 된다.

재료

구운 김 2장
버터 30g
A | 블랙 올리브(잘게 다진다) 25g
  | 안초비(페이스트 상태) 2마리
닭 육수(p.197) 125㎖
소금, 후추 각각 적당량

만드는 방법

1. 구운 김은 직화에 가볍게 구워 향을 내고 한입 크기로 자른다.
2. 태운 버터를 만든다. 냄비에 버터를 넣고 약불에 올린다. 흔들어주면서 버터가 노릇노릇해질 때까지 가열한다.
3. 2에 1, A를 넣어 섞은 다음 안초비의 향이 올라오면 닭 육수를 넣고 한소끔 끓인다.
4. 믹서에 3을 넣고 돌린 다음 소금과 후추로 간을 한다.

보존방법·기간

4~5일간 냉장 보존 가능

용도

채소만큼 다양한 맛을 연출할 수 있는 식재료는 없다. 익히지
않은 채소를 허브나 오일에 섞어주거나, 푹 삶아서 퓌레를 만들
수도 있다. 향신채소나 향미 채소는 그 매운맛과 향을
살려서 맛의 포인트로 이용할 수도 있다.
부드러운 풍미의 콩이나 두부로도 깊은 맛의
소스나 딥을 만들 수 있다.

베트남식 토마토 소스

베트남의 조미료로 간을 한다

재료

토마토(적당한 크기로 자른다) 700g

A
| 시즈닝 소스 15㎖
| 느억 맘 20㎖
| 그라뉴당 2작은술
| 흰후추 소량

마늘(잘게 다진다) 1쪽
샐러드유 30㎖

만드는 방법

1 냄비에 샐러드유를 두르고 마늘을
   넣고 볶는다.
2 마늘이 노릇하게 구워지면 토마토를
   넣고 중불에 10분 정도 끓인다. **A**를
   넣고 간을 한다.

보존방법·기간

1~2일간 냉장 보존 가능

느억 맘과 시즈닝 소스로 간을 한 토마토 소스.
보기에는 서양의 토마토 소스지만 먹어보면
동남아시아의 맛이다. 흰 쌀밥에 어울리는
요리를 만들 수 있다.

용도

토마토 소스를 사용하는 모든 요리에 사용할 수 있고
요리가 베트남풍으로 변합니다. 베트남에서는 슈마이
(한입 크기의 고기 완자), 닭 튀김, 생선 튀김, 오징어나
생선 등을 이 토마토 소스로 끓이기도 합니다. 파스타
소스로 사용해도 좋은데 파스타에 들어가는 재료로는
참치, 가지, 바지락 등을 추천합니다.
(아다치 유미코/마이마이)

토마토 소스

토마토의 감칠맛을 충분히 살린 소스

스파게티를 질리지 않고 계속 먹게 만드는 토마토 소스. 사용하는 재료는 심플하지만 깊은 맛이 나는 것은 향미 채소를 장시간 볶아서 고소한 감칠맛을 더해주었기 때문이다.

재료

토마토 통조림 2550g

소프리토

| 양파 250g
| 셀러리 250g
| 당근 250g
| 올리브 오일 150g
| 마늘 1/2쪽
| 월계수 잎 2장

그라뉴당 13g

소금 14g

물 300㎖

보존방법·기간

냉장으로 3일간, 냉동으로 1주일간 보존 가능

용도

이 소스로 만든 '스파게티 포모도로'(p.93)는 저희 사로네 2007의 런치 코스 마지막을 장식하는 요리입니다.
손님이 원하는 만큼 스파게티의 양을 제공하고 있는데 인기가 많습니다. 코스요리 마지막에 내는 일품요리이기 때문에 질리지 않는 맛을 내려고 노력하고 있습니다.
물론 스파게티 이외의 요리에 사용해도 좋은 기본 토마토 소스입니다. (에이지마 요시쿠니/사로네 2007)

만드는 방법

소프리토를 만든다.

1 양파는 3mm 크기의 주사위 모양으로, 셀러리는 2.5mm 크기의 주사위 모양으로, 당근은 2mm 크기의 주사위 모양으로 자른다.

2 프라이팬에 올리브 오일을 두르고 마늘, 월계수 잎, **1**을 넣는다. 타지 않도록 약 15분마다 한 번씩 저어주면서 약 4시간 볶는다. 사진은 다 볶은 상태.

토마토 소스를 만든다.

1 소프리트에서 월계수 잎을 빼내고 토마토 통조림, 물, 그라뉴당, 소금을 넣고 약불에 1~1시간 반 정도 끓인다.

2 **1**을 핸드 블렌더로 섞어 포타주 상태가 될 때까지 잘 유화시킨다. 소금과 설탕으로 간을 한다.

스파게티 포모도로
(토마토 소스 스파게티)

(에이지마 요시쿠니/사로네 2007)

맛이 깊은 토마토 소스를 심플하게 즐길 수 있는 스파게티. 감칠맛이
진한 소스이기 때문에 무거운 느낌의 파스타 요리가 되기 쉽지만
산뜻한 맛의 오일과 매운맛이 강한 고추를 사용하여 감칠맛을 충분히
느끼면서도 먹기 편한 파스타로 만들었다.

재료 1인분

토마토 소스(p.92) 100㎖
스파게티(바릴라) 100g
마늘 오일* 10㎖
E.V. 올리브 오일(이탈리아 시칠리아의
후란토이아) 적당량
소금, 후추 각각 적당량

* 마늘 오일 만드는 법: 마늘(200g), 홍고추
(6개, 이탈리아 칼리브리아의 매운맛이 강
한 고추),올리브 오일(600g)을 냄비에 넣
고 마늘이 진한 갈색으로 변할 때까지 약
불에 볶는다.

만드는 방법

1 스파게티 면은 소금을 넣고 6분 40
   초간 삶는다.

2 냄비에 토마트 소스, 마늘 오일, 소량
   의 물(분량 오)을 넣고 끓인다.

3 1을 체에 받쳐 물기를 뺀 다음 2에 넣
   어 소스와 섞는다.

4 소금과 후추로 간을 한다. E.V.올리브
   오일을 넣고 냄비를 흔들어 소스를
   잘 유화시킨다. 접시에 담는다.

가스파초 소스

참마의 끈기가 포인트

참마를 넣어줌으로써 끈기가 생기고 잘 분리되지 않는다. 프루트 토마토 대신에 토마토를 사용하면 묽어진다. 꼭 프루트 토마토*를 사용한다.

* 농도가 8도 이상 되는 토마토를 '프루트 토마토'라고 한다. 보통 토마토는 농도가 4~5 정도라고 한다.

재료

| 빨간 파프리카(적당한 크기로 자른다) 300g
| 노란 파프리카(적당한 크기로 자른다) 300g
A 양파(적당한 크기로 자른다) 300g
| 오이(적당한 크기로 자른다) 500g
| 마늘 10g
| 프루트 토마토 2kg
| 소금 10g
대파 300g
| 쉐리 와인 비네거 100g
B E.V.올리브 오일 200g
| 고추 기름(p.114) 5g
소금 적당량

만드는 방법

1 키친 포트에 **A**를 넣고 핸드 블렌더로 다진다.
2 30분간 고운 체에 받쳐서 여분의 수분을 뺀다.
3 대파는 껍질을 벗기고 적당한 크기로 자른다.
4 키친 포트에 **2**, **3**, **B**를 넣고 덩어리가 조금 남을 정도로 핸드 블렌더를 돌린다. 소금으로 간을 한다.

보존방법·기간

2주간 냉장 보존 가능

용도

카펠리니에 버무려 차가운 파스타를 만들거나 은어, 콩피, 생선구이 등에 곁들이면 좋습니다. 새우나 담백한 흰살생선 카르파초 소스로 사용해도 어울립니다.
(요코야마 히데키/(食)마시카)

소스&딥 Collection 5

빵만 곁들이면 전채 요리

고기의 감칠맛을 즐기는 소스

● 리예트(p.75)

● 리버 페이스트(p.78)

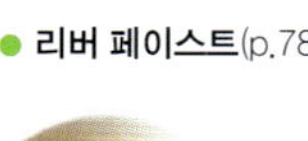

● 금화햄 커스터드 크림 (p.40)

생선의 감칠맛을 즐기는 소스

● 브랑다드(p.79)

● 포테이토칩 참치 마요네즈 소스(p.38)

● 풋콩 명란젓 딥 (p.119)

● 은어 생강 딥 (p.85)

치즈의 깊은 맛을 즐기는 소스

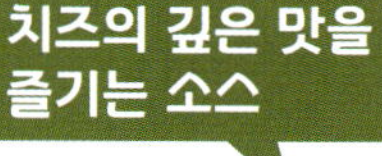

● 프로마쥬 블랑 타르타르 소스(p.49)

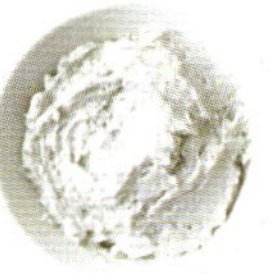
● 고르곤졸라 치즈 무스(p.50)

● 고르곤졸라 치즈 크림(p.50)

로메스코 소스

채소와 땅콩으로 만드는 만능 소스

로메스코Romesco는 스페인 카탈루냐 지방의
딥이다. 파프리카와 토마토 베이스에 견과류와
E.V.올리브 오일 등을 넣는다. 채소, 육류, 생선에
모두 어울리는 만능 소스이다.

재료

토마토 2개
빨간 파프리카 1개
양파(중) 1/3개
마늘 2쪽

견과류

아-몬드 5g
헤이즐넛 5g
잣 5g

쉐리 와인 비네거 소량
삐멍 데스쁠레뜨* 소량
E.V.올리브 오일 적당량
올리브 오일 적당량
소금 적당량

* 프랑스 바스크 지방에 있는 데스쁠레뜨 마
을의 고추 파우더

만드는 방법

1 빨간 파프리카를 반으로 잘라 꼭지
와 씨를 제거한다. 토마토는 꼭지를
제거한다.

2 판에 1, 껍질을 벗긴 양파, 껍질을 벗
기지 않은 마늘, 견과류를 올리고, 올
리브 오일을 두른 다음 180℃로 예열
한 오븐에 넣는다.

3 견과류는 노릇하게 구워진 것부터 꺼
낸다. 1은 30분 정도 구운 다음 빨간
파프리카는 껍질을 벗긴다.

4 믹서에 3을 넣고 그 외의 재료도 모
두 넣은 다음 부드러워질 때까지 돌
린다. 수분이 부족해서 믹서가 부드
럽게 돌아가지 않을 경우에는 물을
조금 넣고 조절한다.

보존방법·기간

3~4일간 냉장 보존 가능하지만 채소가
듬뿍 들어가 있기 때문에 상하기 쉽다.
가능하면 만들어서 빨리 사용하는 것이
좋다.

용도

채소는 익히지 않은 것도 구운 것도 모두 어울립니다.
돼지고기 콩피, 구운 닭고기, 굽거나 삶은 대구,
어패류 튀김 등 다양한 요리에 곁들일 수 있는
소스입니다. (곤노 마코토/오르간)

**채소와 콩의 깊은
맛을 즐기는 소스**

● 차가운 치즈 퐁뒤(p.54)

● 생고추냉이 크림 치즈
(p.52)

● 병아리콩 페이스트
(p.118)

● 과카몰리(p.108)

캐비아 드 오베르진
(p.102)

● 두부 딥(p.132)

● 과카몰리 프레스코
(p.106)

● 과카몰리 누에스
(p.107)

● 올리브 페이스트
(p.63)

● 콜리플라워 브로콜리 딥
(p.115)

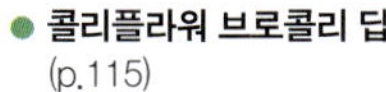

아마트리치아나 소스 베이스

버터와의 균형을 고려해서 토마토 맛은 심플하게

베이컨(굵은 막대 모양으로 자른
다) 2kg
양파(얇게 자른다) 2.5kg

A
| 홀토마토(적당한 크기로 자른다) 3kg
| 소금 10g
| 흑후추 8g

올리브 오일 150g

1 냄비에 올리브 오일을 두르고 양파를
볶는다. 양파의 단맛이 올라오면 베
이컨을 넣고 더 볶는다.
2 베이컨의 표면이 바삭하게 구워지면
A를 넣고 30분간 끓인다.

1주일간 냉장 보존 가능

아마트리치아나 소스^{Amatriciana sauce}에는 일반적으로
올리브 오일만 사용하지만 (食)마시카에서는 버터를
넣어 마무리한다. 버터를 사용하면 감칠맛이 더 진한
파스타 소스가 되고 토마토도 더 달게 느껴진다. 그렇기
때문에 베이스가 되는 이 소스는 불필요한 단맛을
첨가하지 않고 심플하게 토마토 맛을 살려주었다.

파스타 소스로 **아마트리치아나**(아래)를
만들 때 사용하지만 심플한 **키슈**에 뿌려
따뜻하게 먹는 방법도 추천합니다.
또 삶은 감자와 섞어서 **크로켓**을
만들거나 밥에 섞어서 **라이스 크로켓**을
만들어도 좋습니다.
(요코야마 히데키/(食)마시카)

버터로 마무리한 아마트리치아나 만드는 방법 1인분

1 냄비에 아마트리치아나 소스 베이스
(200㎖)를 넣고 끓이면서 버터(50g)
을 넣어 섞는다.
2 소금물에 삶은 파스타(60g)의 수분
을 제거하고 1에 넣고 섞는다. 접시
에 담아 페코리노*****(갈은 것, 10g), 흑
후추(소량), 파슬리(잘게 다진다, 소
량)를 뿌린다.

***** 이탈리아의 양젖으로 만든 하드 치즈

페스토 트라파네제

마늘이 들어간 시칠리아의 만능 소스

이탈리아 시칠리아 섬의 어촌 트라파니의 이름에서
유래한 소스. 마늘의 파워, 아몬드의 감칠맛,
토마토의 산미, 바질의 향이 어우러진 산뜻하고
감칠맛이 느껴지는 맛이다.

재료

마늘(큰 것) 1쪽
아몬드 30g
토가토* 400g
바질 잎 10장
페코리노 로마노 치즈(갈은 것) 10g
E.V.올리브 오일(이탈리아 시칠리아의
후칸토이아) 45㎖
소금 약 5g

* 방울토마토나 완숙 토마토를 사용한다.

만드는 방법

1 아몬드는 뜨거운 물에 3분 동안 담가
  둔다. 껍질이 불으면 손으로 벗긴다.
2 토마토는 뜨거운 물에 10초 동안 넣
  었다가 바로 얼음물에 담가 껍질을
  벗긴다.
3 믹서에 1, 마늘, E.V.올리브 오일, 소
  금을 넣고 부드러워질 때까지 돌린다.
4 2, 바질 잎, 페코리노 로마노 치즈를
  넣고 한 번 더 믹서를 돌린 다음 소금
  으로 간을 한다.

보존방법·기간

4~5일간 냉장 보존 가능

용도

이탈리아 시칠리아 섬의 트라파니에서는 일반적으로
부시아테(나선 모양의 롱 파스타)의 소스로 사용합니다.
토마토나 바질에 열이 가해지지 않도록 삶은 파스타를 볼에
담아 소스를 넣고 버무리는 것이 포인트. 시칠리아 섬에서는
누비아 마을에서 나는 작고 향이 강한 빨간 마늘을 사용하여
만들기 때문에 마늘의 풍미가 강해서 '마늘 파스타'라고도
합니다. 주로 **파스타**에 사용하지만 **채소, 육류, 생선** 등에도
어울리는 만능 소스입니다. 이탈리아에서는 **구운 가지**의
소스로도 사용합니다. **잠두콩, 강낭콩**에 곁들여도 좋습니다.
생선은 **청새치**나 **능성어**처럼 지방이 올라있는 흰살생선이나
구운 생선에도 잘 어울립니다. 육류는 **오븐에 구운 양고기**에
곁들이면 좋습니다. 이 소스를 전통적인 방법으로 만들 때는
치즈를 넣지 않지만 제가 요리를 배운 시칠리아 섬 리카타의
레스토랑 '라마디아'에서 알려준 대로 감칠맛을 보충하는
정도로 페코리노 로마노 치즈를 넣었습니다.
(에이지마 요시쿠니/사로네 2007)

라비고트 소스

향초의 향을 살린 산미가 있는 소스

라비우트Ravigote는 케이퍼, 식초, 향초를
사용한 프랑스의 전통적인 소스이다.
여기에 타스마니아 머스터드의 톡톡
터지는 식감과 토마토의 산뜻한 산미를
더해주었다.

재료

토마토(작게 다진다) 160g
타스마니아 머스터드(알갱이) 50g
잣(잘게 다진다) 35g
A 에샬롯(잘게 다진다) 20g
케이퍼(잘게 다진다) 10g
시블레트(잘게 다진다) 4g
에스트라곤(잘게 다진다) 2g
비네그레트(p.197) 25g
소금 2g

만드는 방법

1 볼에 **A**를 넣고 섞은 다음 비네그레트를 넣고 버무린다. 소금으로 간을 한다.

보존방법·기간

2일간 냉장 보존 가능

용도

만능 소스입니다. 어떤 요리에 곁들여도 어울립니다. 예를 들어 **차가운 테린** 등에 잘 어울립니다. 테린의 내용물은 **채소**만 넣어도 좋고 **어패류나 육류**를 넣어도 좋습니다. **생선에 채를 썬 감자를 입힌 다음 구워서** 곁들이기도 합니다. 맛이 산뜻하기 때문에 감칠맛이 나는 소재나 기름을 사용한 요리에 특히 잘 맞습니다. (아라이 노보루/레스토랑 오마주)

켓카 소스

이탈리아 요리 소스를 아시아 식재료로 변화를 주었다

켓카 소스checca sauce는 토마토와 바질을
사용한 이탈리아 소스이다. 바질 대신에
고수를 넣어 변화를 주었고 바지락과
남플라의 어패류 감칠맛을 더해 어패류에
어울리는 소스로 만들었다.

재료

프루트 토마토(작게 지른다) 2개
바지락(해감한 것) 40g
화이트 와인 20㎖
케이퍼 2g
남플라* 5㎖
고수(잘게 다진 것) 한 꼬집
마늘(잘게 다진다) 1쪽
올리브 오일 적당량

* 태국의 발효 생선 소스

만드는 방법

1 프라이팬에 올리브 오일과 마늘을 넣고 중불에 볶는다. 마늘 향이 올라오면 바지락과 화이트 와인을 넣는다.
2 바지락 껍질이 열리면 꺼낸다. 프루트 토마토와 케이퍼를 넣고 토마토가 으깨질 때까지 끓인다.
3 남플라로 간을 맞추고 고수를 넣고 바지락을 다시 넣는다.

보존방법·기간

만들어서 그날 모두 사용한다.

용도

생선 푸알레나 **생선구이**에 곁들이면 좋습니다. 생선은 **흰살생선**에도 **등 푸른 생선**에도 잘 어울립니다. (요네야마 다모쓰 / 포쓰라포쓰라)

살사 멕시카나

매운맛이 나는 토마토 소스

매운맛이 나는 산뜻한 프레시 토마토 소스.
멕시카나는 멕시코를 의미한다. 소스에 들어가는
재료의 색이 초록색, 하얀색, 빨간색으로 멕시코
국기를 연상시켜서 이런 이름이 생겼다고 한다.

재료

토마토 300g(완숙, 중 2개)
A 고수(잘게 다진다) 5g
빨간 양파(잘게 다진다) 30g
할라페뇨(초절임, 잘게 다진다) 15g
라임즙 1/8~1/6개분
소금 3g

만드는 방법

1 토마토는 뜨거운 물에 담갔다가 껍질
을 벗기고 7~8㎜ 크기의 주사위 모양
으로 자른다.
2 1에 A를 넣고 섞은 다음 라임즙과 소
금으로 간을 한다. 간이 배도록 2~3
시간 그대로 둔다.

보존방법·기간

3일간 냉장 보존 가능하지만 만들어서
다음날까지 모두 사용하는 것이 좋다.

용도

토르티야Tortillas에 곁들여 간식으로 먹거나
카르파초의 소스로 사용해도 좋습니다.
양태나 성대와 같은 담백한 흰살생선 요리의
소스로도 사용할 수 있습니다.
(나카무라 히로시/아시엔다 델 시에로)

살사 멕시카나 콘 프루타

과일이 들어간 매운 프레시 토마토 소스

매운맛이 나는 프레시 토마토 소스에 망고를
넣어주었다. 토마토와 과일의 서로 다른 단맛을
고추의 매운맛과 허부의 풍미가 살려준다.

재료

살사 멕시카나 위의 완성된 소스 전부
사용
망고(과육) 50g

만드는 방법

1 망고는 7~8㎜ 크기로 자른다.
2 살사 멕시카나에 1을 섞는다.

보존방법·기간

필요할 때 만들어 모두 사용한다.

용도

토르티야에 곁들여 전체 요리로 사용해도 좋고
다른 요리에 곁들여도 좋습니다. 여기에서는
망고를 넣었지만 오렌지나 그레이프후르츠와
같은 감귤류나 머스캣과 같은 포도를 넣어도
좋습니다. 과일은 다양한 종류를 첨가하지 않고
한 종류만 넣어줍니다. 요리에 곁들였을 때
주재료와 잘 맞는 과일을 선택하면 됩니다.
도미, 새우, 광어 카르파초에도 잘 어울립니다.
(나카무라 히로시/아시엔다 델 시에로)

살사 프레스코

고수와 커민의 향이 풍부한 프레시 토마토 소스

완숙 토마토를 익히지 않고 사용한 살사 멕시카나(p.99)에 고수와 커민을 넣어 향이 풍부한 소스로 만들었다.

재료

살사 멕시카나 p.99에서 만든 소스 전부 사용
고수(잘게 다진다) 소량
커민 파우더 소량
E.V.올리브 오일 30㎖

만드는 방법

| 볼에 모든 재료를 넣고 섞는다.

보존방법·기간

3일간 냉장 보존 가능하지만 만들어서 다음날까지 모두 사용하는 것이 좋다.

용도

매콤한 요리에 곁들이면 좋습니다. 또 지방이 오른 생선에도 잘 어울립니다. 오징어, 연어, 농어 등을 구워서 곁들이면 좋습니다.
(나카무라 히로시/아시엔다 델 시에로)

살사 프레스코 콘 치폴레

훈제 고추를 넣은 프레시 토마토 소스

커민을 넣은 프레시 토마토 소스에 치폴레를 첨가한 소스. 치폴레chipotle 는 '훈제한 홍고추를 토마토로 끓인 것' 을 말한다. 매운맛뿐만 아니라 간장을 연상시키는 깊은 감칠맛을 더해준다.

재료

살사 프레스코 위의 완성된 소스 전부 사용
칠레 치폴레(작게 다진다)* 15~20g

* 완숙 할라페뇨의 훈제. 여기서는 아도보 라고 하는 토마토 베이스의 향신료를 넣 은 소스에 절인 것을 캔에 넣어서 파는 제 품을 사용

만드는 방법

| 살사 프레스코에 칠레 치폴레를 넣 고 섞는다.

보존방법·기간

필요할 때 만들어 바로 사용한다.

용도

치폴레가 들어가 있기 때문에 구운 생선이나 육류에 뒤지지 않는 감칠맛이 있습니다. 숯불에 구운 생선, 오징어, 문어, 닭고기, 돼지고기, 소고기 등과는 특히 잘 어울립니다. 닭꼬치 소스로 사용하여 색다른 맛을 즐기는 것도 좋습니다.
(나카무라 히로시/아시엔다 델 시에로)

살사 프레스코 콘 치폴레를 곁들인 그릴 옥토퍼스

(나카무라 히로시/아시엔다 델 시에로)

문어를 삶은 육수를 끓여서 소스로 만든 다음 문어에 발라 구워서 고소한 맛을 즐길 수 있다. 구운 채소와 감칠맛이 나는 매콤한 토마토 소스를 곁들였다.

재료 1인분

대문어 다리[*1] 1개
문어 육수[*1] 적당량
곁들이는 채소[*2] 적당량
살사 프레스코 콘 치폴레(p.100) 적당량
립스틱 나무 열매(파우더)[*3] 적당량
고수(잘게 다진다) 적당량
샐러드유 적당량

[*1] 대문어를 삶은 육수: 대문어 다리(1kg)는 흐르는 물에 깨끗하게 씻는다. 압력솥에 대문어, 일본주(50㎖), 간장(50㎖), 다시마 육수(p.197, 500㎖)를 넣고 15분간 익힌다. 냄비가 식으면 대문어는 빼고 육수는 걸쭉해질 때까지 끓인다.

[*2] 작은 가지, 삶은 옥수수, 래디시, 미니 당근, 미니 고마츠나, 신리메이를 사용

[*3] 립스틱 나무 열매로 만드는 붉은 분말 향신료로 매운맛은 없고 주로 색을 입히기 위해 사용한다.

만드는 방법

1 샐러드유를 두른 그릴팬에 대문어 다리에 문어 육수를 발라서 노릇노릇하게 굽는다.

2 곁들이는 채소는 먹기 좋은 크기로 자른 다음 샐러드유를 두른 그릴팬에 노릇노릇하게 굽는다.

3 1을 먹기 좋은 크기로 잘라 2와 같이 접시에 담는다. 살사 프레스코 콘 치폴레 소스를 뿌린 다음 립스틱 나무 열매 파우더와 고수를 뿌린다.

앙티부아즈 소스

토마토와 허브의 산뜻한 소스

프레시 토마토와 허브를 듬뿍 사용한
남프랑스의 작은 항구도시 앙티브의 소스.
직접 만든 레몬 콩피를 넣어 산뜻한 향과
깊은 맛이 나는 소스로 만들었다.

재료

토마토(중) 1개
에샬롯(잘게 다진다) 1/4개
마늘(잘게 다진다) 1/2쪽
안초비 1마리
이탈리안 파슬리 잎(잘게 다진다) 3장
블랙 올리브(잘게 다진다) 3알
레몬 콩피(p.198, 잘게 다진다)
A 1/3작은술
딜(잘게 다진다) 적당량
레몬즙 1/2개
E.V.올리브 오일 1.5큰술
올리브 오일, 소금, 후추 각각 적당량

만드는 방법

1 프라이팬에 올리브 오일을 두르고 약
   불에 올린다. 에샬롯과 마늘을 넣어
   볶은 다음 식힌다.
2 토마토는 씨를 제거하고 5mm 크기의
   주사위 모양으로 자른다. 안초비는 칼
   로 두드려 페이스트 상태로 만든다.
3 1, 2, A를 섞은 다음 소금과 후추로
   간을 한다.

보존방법·기간

4~5일 냉장 보존 가능

용도

캐비아 드 오베르진

오일을 뿌리고 흐물흐물해질 때까지 구운 가지 페이스트

'캐비아 드 오베르진'은 프랑스어로 '가지
캐비아'라는 의미이다. 포만감을 주면서도
채소이기 때문에 부담스럽지 않다. 그냥
먹어도 좋고 요리에 곁들여도 좋은 편리한
소스이다.

재료

가지(중) 7개
마늘 콩피(p.110) 2쪽
안초비(잘게 다진다) 3마리
A 드라이 토마토(잘게 다진다) 4개
블랙 올리브(잘게 다진다) 3개
올리브 오일 적당량
소금, 후추 각각 적당량

만드는 방법

1 가지는 세로로 반을 잘라 단면에 격
   자무늬로 칼집을 넣는다. 도마에 올
   리고 올리브 오일을 두른다. 220℃로
   예열한 오븐에 18~20분간 굽는다.
2 1의 가지는 과육을 스푼으로 떠내고
   껍질의 1/4을 잘게 다진 다음 나머
   지는 버린다.
3 2와 A를 섞고 소금과 후추로 간을
   한다.

보존방법·기간

1주일간 냉장 보존 가능

용도

앙티부아즈 소스와
캐비아 드 오베르진을 곁들인
흰살생선 푸알레

(곤노 마코토/오르간)

생선살이 두툼한 광어를 겉은 바삭하고 생선살은 촉촉한 푸알레로. 산뜻한 산미의 앙티부아즈 소스와 감칠맛이 나는 캐비아 드 오베르진을 곁들었다.

재료 1인분

광어(토막) 100g
앙티부아즈 소스(p.102) 15㎖
캐비아 드 오베르진(p.102) 50g
아스파라거스(가는 것) 2개
무 적당량
풋콩(삶은 것) 12알
크레송 적당량
샐러드유, 올리브 오일 각각 적당량
소금 적당량

만드는 방법

1 광어에 소금을 뿌린다. 프라이팬에 샐러드유와 올리브 오일을 반씩 두르고 광어의 껍질부터 중불에 굽는다.
2 광어의 껍질부위가 노릇노릇하게 구워졌으면 뒤집어서 생선살을 약불에 가볍게 구운 다음 불을 끄고 남은 열로 익힌다.
3 아스파라거스는 뿌리쪽의 딱딱한 껍질을 벗기고 데친 다음 2~3㎝ 길이로 자른다. 무는 얇게 잘라 직경 2㎝의 원형틀로 찍은 다음 크레송과 함께 차가운 물에 담갔다가 물기를 제거한다.
4 접시에 앙티부아즈 소스를 깔고 **2**를 올린다. 크레송과 무를 올린다. 캐비아 드 오베르진을 두른 다음 풋콩과 아스파라거스로 장식한다.

양파 소스

진한 볶은 양파 소스

장시간 볶아서 단맛과 감칠맛이 우러난
양파에 발사믹 식초와 퐁드보 육수를 넣어
더 깊고 감칠맛이 나는 소스로 만들었다.

재료

볶은 양파(p.120) 90g
　| 발사믹 식초(걸쭉하게 끓인 것) 20㎖
A　퐁드보 육수(p.198) 70㎖
　| 마데이라 포도주 적당량
소금 적당량

만드는 방법

1 볶은 양파를 냄비에 넣고 가볍게 다시 볶는다.
2 향이 나기 시작하면 **A**를 넣는다. 너무 걸쭉하면 물을 넣는다. 너무 연하면 냄비 안의 볶은 양파를 적당히 꺼내 믹서에 돌려서 부드럽게 하여 다시 냄비에 넣는다.
3 **2**를 걸러서 소금으로 간을 한다.

보존방법·기간

3~4일간 냉장 보존 가능

용도

빨간 양파 콩피

끈끈하고 진한 빨간 양파 잼

흐물흐물하게 볶은 빨간 양파에 레드 와인,
설탕, 발사믹 식초를 넣어 끈끈하고 진한 잼
상태로 만들었다.

재료

빨간 양파 700g
설탕 150g
레드 와인 250㎖
발사믹 식초 10㎖
올리브 오일 적당량
소금 적당량

만드는 방법

1 빨간 양파는 얇게 자른다. 냄비를 불 위에 올리고 올리브 오일을 두른 다음 빨간 양파를 넣고 소금을 뿌린다. 빨간 양파가 흐물흐물해질 때까지 중불에 볶는다.
2 **1**에 설탕, 레드 와인, 발사믹 식초를 넣고 끓인다. 나무주걱으로 냄비 바닥을 긁어 선이 생길 정도의 농도가 되면 불을 끄고 식힌다.

보존방법·기간

2주일간 냉장 보존 가능

용도

살사 세보야

생 양파의 매운맛과 허브 향으로 요리를 산뜻하게

재료

양파(잘게 다진다) 140g
할라페뇨(초절임, 잘게 다진다) 10g
고수(잘게 다진다) 15g
이탈리안 파슬리(잘게 다진다) 15g
타임 잎 8g
마늘(잘게 다진다) 5g
라임즙 1/2~1개분
올리브 오일 50㎖
소금 한 꼬집
흑후추 소량

만드는 방법

Ⅰ 모든 재료를 섞은 다음 간이 배도록 2~3시간 그대로 둔다. 시간이 지나면 양파가 라임즙과 허브의 향을 흡수하여 더 맛있어진다.

보존방법·기간

다음날까지 사용할 수 있지만 허브색이 변하기 때문에 만들어서 그날 모두 사용하는 것이 좋다.

세보야Cebolla는 스페인어로 양파를 의미한다. 생 양파의 매운맛에 몇 종류의 허브 향이 더해진 만능 조미료이다. 멕시코에서는 식탁 위의 조미료로 식재료나 조리법에 상관없이 채소, 생선, 육류요리에 곁들인다.

용도

일본요리의 갈은 무와 같은 감각으로 요리를 담백하게 제공하고 싶을 때 곁들이는 소스입니다. **구운 채소, 생선, 육류**에 특히 잘 어울립니다. 멕시코에서는 **퀘사디아**(옥수수 가루나 밀가루 등으로 만든 또띠야로 치즈, 채소, 고기, 치즈 등을 싸서 구워낸 것)에도 곁들입니다. (나카무라 히로시/아시엔다 델 시에로)

고르곤졸라 치즈 무스와 빨간 양파 콩피

(요네야마 다모쓰 / 포쓰라포쓰라)

바삭하게 구운 바게트에 고르곤졸라 치즈 무스와 빨간 양파 콩피를 곁들여 전채 요리로 제공한다. 와인이 생각나는 메뉴이다. (만드는 방법 → p.51)

과카몰리 프레스코

멕시코의 아보카도 딥

재료

아보카도 2개

A
| 고수(잘게 다진다) 1작은술
| 빨간 양파(잘게 다진다) 3작은술
| 할라페뇨(초절임, 잘게 다진다)
| 1작은술
| 토마토(작게 자른다) 1큰술

라임즙 1/4개

소금 적당량

만드는 방법

1 아보카도는 껍질과 씨를 제거하고 볼에 담는다. 거품기로 으깨어 페이스트 상태로 만든다.

2 1에 A를 섞은 다음 라임즙과 소금으로 간을 한다.

보존방법·기간

필요할 때 만들어 바로 사용한다.

유명한 멕시코의 아보카도 딥. 또띠야칩스에 곁들여 애피타이저로 사용하는 경우가 많지만 사실은 육류, 생선, 채소 어떤 재료와도 어울리는 만능 딥이다.

용도

토르티야나 빵에 곁들이면 전채 요리가 됩니다. 멕시코에서는 일반적으로 그릴에 구운 닭고기에 소스로 곁들입니다. 참치회를 간장 소스에 절여 표면을 살짝 구운 다음 과카몰리에 섞어서 전채 요리나 술안주로 제공하는 것도 추천합니다. 과카몰리는 그 자체가 완성된 맛이기 때문에 다양한 식재료와 섞어서 변화를 주고 싶을 때 편리합니다. 과일이나 견과류를 섞거나(p.107) 채소나 허브를 섞어서 사용해도 좋습니다. 섞는 재료는 곁들이는 요리의 주재료와 어울리는 것을 선택해 주세요. (나카무라 히로시/아시엔다 델 시에로)

column 멕시코 요리로 배우는 소스와 딥의 전개

과카몰리 프레스코 (p.106)

+과일 → 과카몰리 프루타(p.107)

+견과류 → 과카몰리 누에스(p.107)

살사 멕시카나 콘 프루타(p.99)

+과일 → 살사 멕시카나(p.99)

+허브 → 살사 프레스코(p.100)

+고추 → 살사 프레스코 콘 치폴레(p.100)

멕시코 요리에서 말하는 살사는 다양한 요리에 곁들이는 소스와 딥을 의미한다. 그중에서 가장 많이 알려진 것은 아보카도로 만든 딥 '과카몰리 프레스코'(p.106)이다. 이 책에서 소개하는 '살사 멕시카나'(p.99)는 프레시 토마토 살사로 살사를 대표하는 소스이다.

과카몰리 프레스코도 살사 멕시카나도 과일이나 견과류, 허브, 고추를 넣어 다양하게 변화를 줄 수 있다. 채소 소스와 딥에 다른 식재료를 첨가하여 다양하게 전개하는 이런 지혜는 소스&딥의 세계를 넓히기 위해 참고로 할 만한 방법이다.

과카몰리 프루타

아보카도 딥에 과일을 더해주었다

사실 과카몰리에는 과일이 잘 어울린다.
멕시코에서도 과일을 넣어 즐겨 먹는다.
감귤류나 베리류, 열대 과일 3~4 종류를 넣어
과일 샐러드로 먹으면 좋다.

재료

과카몰리 프레스코 p.106에서 만든
모든 분량

과일

아래 과일을 합쳐서 40~50g

딸기 적당량

망고 적당량

파인애플 적당량

블루베리 적당량

그레이프후루츠 적당량

만드는 방법

1. 과일은 껍질과 씨, 꼭지처럼 먹지 못하는 부분을 제거하고 5mm 크기의 주사위 모양으로 자른다.
2. 과카몰리 프레스코에 과일을 섞는다.

보존방법·기간

필요할 때 만들어 바로 사용한다.

용도

과카몰리 누에스

견과류를 넣은 아보카도 딥

'누에스nuez'는 스페인어로 호두와 같은 견과류를
의미한다. 멕시코에서는 견과류나 드라이
후르츠를 넣은 과카몰리도 대중적인 딥이다.
어떤 견과류나 드라이 후르츠를 넣어도 괜찮지만
요리에 곁들일 때에는 주재료와 어울리는 것을
선택하는 것이 좋다.

재료

과카몰리 프레스코 p.106에서 만든
모든 분량

드라이 후르츠

아러 드라이 후르츠를 합쳐서 20g

말린 무화과 적당량

말린 살구 적당량

건포도 적당량

크랜베리 적당량

견과류

아러 견과류를 합쳐서 20g

호두 적당량

아몬드 적당량

만드는 방법

1. 말린 무화과와 말린 살구는 손으로 취향에 맞게 자른다. 호두와 아몬드는 작게 으깬다.
2. 1과 그 외의 재료를 모두 섞는다.

보존방법·기간

필요할 때 만들어 바로 사용한다.

용도

과카몰리

입에 넣으면 사르르 녹는 고급스러운 딥

멕시코 요리의 아보카도 딥을 프랑스식으로
변화를 주었다. 아보카도는 작은 주사위 모양으로
잘라 입안에서 부드럽게 녹을 수 있도록 한다.
멕시코의 자극적인 맛과는 대조적인 고급스러운
과카몰리.

재료

아보카도(5mm 크기의 주사위 모양으로
자른다) 1/2개
에샬롯(잘게 다진다) 30g
레몬즙 3g
파프리카 파우더 두 꼬집
소금 적당량

만드는 방법

1 볼에 모든 재료를 넣고 섞는다.

보존방법·기간

만들어서 그날 모두 사용한다.

용도

다양한 육류요리에 어울리는 소스입니다. '과카몰리와
초콜릿 소스를 곁들인 오리 짚불구이'(아래)나 구운
닭고기, 돼지고기, 소고기, 양고기, 토끼고기 등 폭넓게
사용할 수 있습니다. 삶은 고기에 곁들여도 좋습니다.
또한 게, 참치, 흰살생선 등에 곁들여 전체요리로
사용하거나 카르파초에 곁들여도 어울립니다.
(아라이 노보루/레스토랑 오마주)

과카몰리와 초콜릿 소스를 곁들인 오리 짚불구이

(에이지마 요시쿠니/사로네 2007)

벗짚으로 스모크한 오리고기에 카레가루를 넣은
초콜릿 소스와 과카몰리를 곁들였다. 닭고기를
초콜릿이 들어간 소스로 졸이는 멕시코 요리를
프랑스 요리 시점으로 재구축한 것이다.

재료 4인분

오리 가슴살 1장
과카몰리(위) 80g
양파(잘게 다진다) 적당량
토마토(2~3mm 크기의 주사위 모양으로
자른다) 적당량
와일드 루콜라Rucola Selvatica 4줄기

초콜릿 소스

초콜릿 5g
발사믹 식초 100㎖
카레가루 한 꼬집
닭 육수(p.20) 100㎖
버터 5g
벗짚*1 소량
삐멍 데스쁠레뜨*2 적당량
샐러드유, 소금, 후추 각각 적당량

*1 벼농사를 하는 농가에 주문한 것

*2 프랑스 바스크 지방 에스쁠레트 마을의
홍고추 파우더

만드는 방법

1 오리고기를 굽는다.

1 프라이팬에 샐러드유를 두르고 중불
에 올린다. 오리 가슴살을 껍질을 아
래로 하여 프라이팬에 올리고 노릇노
릇하게 구운 다음 뒤집는다.

2 살도 노릇하게 구워졌으면 샐러맨더
salamander에 옮긴다. 껍질 쪽을 1분
30초간 구운 다음 따뜻한 곳에 5분간
둔다. 살 쪽도 같은 방법으로 한다. 이
작업을 두 번 반복한다.

3 알루미늄 호일에 싸서 따뜻한 장소에
약 40분간 둔다.

2 초콜릿 소스를 만든다. 발사믹 식초
를 끓여서 초콜릿을 녹인다. 닭 육수
와 카레가루를 넣고 표면이 거울처럼
윤이 나고 걸쭉해질 때까지 끓인다.

버터를 넣고 유화시킨 다음 소금과
후추로 간을 한다.

3 구운 오리고기를 벗짚으로 훈제한다.

1 중화냄비 바닥에 벗짚을 깔고 냄비
입구보다 큰 그물망을 올린 다음 가
열한다.

2 벗짚에서 연기가 나기 시작하면 그물
망 위에 1의 오리고기를 올린다. 볼
을 씌워서 1분 30초간 오리고기에 연
기를 입힌다.

4 3의 고기를 1인분(20g)씩 잘라 접시
에 담고 후추를 뿌린다. 과카몰리를
곁들인 다음 그 위에 양파, 토마토, 와
일드 루콜라를 올리고 삐멍 데스쁠레
뜨를 뿌린다. 2의 초콜릿 소스를 두
곳에 둥근 모양으로 곁들인다.

빨간 피망 퓌레

빨간 피망의 진한 감칠맛을 응축한 소스

빨간 피망만의 깊은 감칠맛이 특징이다.
빨간 파프리카로는 너무 묽게 된다. 또 석쇠에
굽지 않고 쪄서 껍질을 벗겨줌으로써 탄 냄새가
나지 않고 신선한 향과 맛을 낼 수 있다.

재료

빨간 피망 5~6개
마늘 콩피* 2쪽
E.V.올리브 오일 5㎖
소금 적당량

* 자체 지방으로 오리를 콩피할 때 사용한 마
늘을 분리해서 둔다. 없을 경우에는 다음과
같이 만든다. 냄비에 껍질을 벗긴 마늘(적
당량)을 넣고 마늘이 잠길 정도의 올리브
오일을 넣고 약불에 굽는다. 마늘이 손가락
으로 눌렀을 때 으깨어질 정도로 부드러워
지도록 15분간 열을 가한다.

만드는 방법

1 알루미늄호일로 빨간 피망을 싸준다.
2 1의 빨간 피망을 180℃로 예열한 오
 븐에 20분간 찐다.
3 알루미늄호일을 벗기고 안에 있는
 국물은 따로 둔다. 빨간 피망은 껍질
 을 벗기고 반을 잘라 꼭지와 씨를 제
 거한다. 이때 빠져나오는 국물도 버
 리지 않고 둔다.
4 푸드 프로세서에 3의 과육과 국물,
 마늘 콩피, E.V.올리브 오일, 소금을
 넣고 퓌레 상태가 될 때까지 돌린 다
 음 거른다.

보존방법·기간

냉장으로 4일간, 냉동으로 15일간 보존
가능

'빨간 피망 줄레를 곁들인 훈제 닭 가슴살', '빨간 피망
퓌레를 곁들인 돼지고기 발로틴'(p.111)에 사용합니다.
닭 가슴살이나 돼지고기 로스트, 살짝 구운 가리비 관자
등에도 잘 어울립니다. (곤노 마코토/오르간)

● column 채소 퓌레의 전개

빨간 피망 퓌레의 전개 예

빨간 피망 퓌레(p.110)

+ 젤라틴으로

빨간 피망 무스(p.112)

빨간 피망 퓌레를
곁들인 돼지고기 발로틴
(p.111)

빨간 피망 줄레를
곁들인 훈제 닭 가슴살
(p.111)

빨간 피망 무스와
부라타 치즈를 곁들인
가리비 그리예(p.112)

채소 퓌레는 그대로 소스로 사용할 수 있고
퐁이나 부용과 같은 육수 국물로 끓여서 수프
를 만들 수도 있어서 편리하다. 또 거품을 낸
생크림과 젤라틴을 넣으면 푹신푹신하고 부
드러운 무스가 된다. 이렇게 만든 무스는 퓌
레처럼 요리에 소스로 곁들여도 좋고 전채 요
리에 이용할 수도 있다. 이 책에서는 빨간 피
망(p.110)과 옥수수(p.121)로 만드는 레시피
를 소개하고 있지만 다양한 채소에 활용할 수
있는 테크닉이다.

빨간 피망 줄레를 곁들인 훈제 닭 가슴살

(곤노 마코토/오르간)

훈제한 닭 가슴살에 빨간 피망 줄레를 곁들인
차가운 전채 요리. 일본식 어묵 가마보코를
연상시키는 모습이 재미있기도 하고 이렇게 하면
퓌레와 고기를 기장 좋은 비율로 손님에게 제공할
수 있다. (만드는 방법 → p.195)

빨간 피망 퓌레를 곁들인 돼지고기 발로틴

(곤노 마코토/오르간)

염장한 돼지고기 삼겹살로 다진 고기와 채소를
감싸서 구운 발로틴에 빨간 피망 퓌레를 소스로
곁들였다. 파르스에는 파프리카 파우더를 넣고 빨간
피망 페피라드까지 곁들여 맛에 통일감을 주었다.
(만드는 방법 → p.196)

빨간 피망 무스

부드러운 식감과 깊은 감칠맛

빨긴 피망의 단맛과 감칠맛을 응축한 퓌레에
거품을 낸 생크림을 넣어 부드러운 식감의 무스로
만들었다.

재료

빨간 피망 퓌레(p.110) 300g
판 젤라틴 6g
생크림(유지방 38%) 100g
소금 적당량

만드는 방법

Ⅰ 빨간 피망 퓌레를 냄비에 넣고 중불
에 끓이면서 물에 불린 판 젤라틴을
넣어 녹인다. 냄비를 얼음물 위에 올
려 식히면서 걸쭉해질 때까지 거품기
로 섞는다.

2 Ⅰ에 거품을 낸 생크림을 2~3번 나
누어 넣고 섞은 다음 소금으로 간을
한다.

보존방법·기간

기포가 사라지기 쉽고 오래 두면 흘러내
리기 때문에 필요할 때마다 만들어 가능
하면 빨리 사용한다.

부드럽게 익힌 육류, 어패류에 잘 어울립니다. 살짝 익힌
가리비 관자, 스팀을 가한 흰살생선, 찌거나 훈제한 닭
가슴살, 날것이나 반만 익힌 새우 등에 곁들이면 좋습니다.
(곤노 마코토/오르간)

빨간 피망 무스와 부라타 치즈를 곁들인 가리비 그리예

(곤노 마코토/오르간)

가리비와 프레시치즈를 빨간 피망 무스와 맑은 쥐(jus)로 먹는 요리. 무스의 농후한 맛과
쥐의 깔끔한 감칠맛이 부드러운 가리비와 신선한 치즈의 맛을 한층 더 살려준다.

재료 1인분

가리비 관자 1개
빨간 피망 무스(위) 25g
부라타 치즈*1 30g
레몬 적당량
노란 파프리카 적당량
잣 8알

A
│ 빨간 피망 쥐*2 40㎖
│ 바지락 육수*3 40㎖
│ 레몬즙 소량
│ E.V.올리브 오일 소량

레몬 콩피(p.198, 작게 자른다)
적당량

B 빨간 피망(껍질을 벗기고 5mm
│ 크기의 주사위 모양으로 자른다) 적당량
│ 딜 적당량

소금, E.V.올리브 오일 각각 적당량

*1 모차렐라와 비슷한 이탈리아의 프레시
치즈

*2 빨간 피망 퓌레(p.110)를 만들 때 오븐으
로 찐 빨간 피망에서 나온 국물

*2 바지락 육수 내는 방법: 냄비에 물과 바지
락을 넣고 1시간 끓인 다음 거른다.

만드는 방법

Ⅰ 가리비 관자는 표면을 토치로 굽는다. 레
몬을 짜서 뿌리고 소금과 E.V.올리브 오
일을 가볍게 두른다.

2 노란 파프리카는 석쇠에 올려 직화로 구
운 다음 얼음물에 담가 껍질을 벗긴다. 채
썰기를 하여 가볍게 소금을 뿌린다. 잣은
프라이팬에 기름을 두르지 않고 볶는다.

3 A의 재료를 섞어 용기에 담는다.

4 접시에 Ⅰ, 빨간 피망 무스, 부라타 치즈를
담은 다음 소금을 뿌리고 2와 B를 뿌린
다. 3을 곁들여 손님에게 제공할 때는 손
님 앞에서 직접 접시에 부어준다.

고추 소스

매운맛 속에 숨겨진 감칠맛과 고소함

고추의 쌉사름한 맛을 살린 소스. 볶을 때 살짝
태워서 고소한 맛을 내고 고추 자체의 감칠맛을
끌어낸다. 또한 홍고추 오일로 매운맛을 더해 맛에
포인트를 준다.

재료

고추 1kg
양파(얇게 자른다) 300g
고추기름* 5g
생크림(유지방 35%) 100g
샐러드유 소량

* 고추기름 만드는 방법: 볼에 생 홍고추와
올리브 오일을 넣고 핸드 블렌더로 곱게 갈
아준다. 1시간 정도 숙성시킨다.

만드는 방법

1 고추는 꼭지와 씨를 제거하고 길이 2
   ㎝ 정도로 자른다.
2 프라이팬에 샐러드유를 두르고 1을
   강불에 볶는다. 이때 뒤집개 등으로
   프라이팬에 눌러 살짝 태운다.
3 볼에 옮겨 담은 다음 얼음물 위에 올
   려 색이 변하는 것을 방지한다.
4 다른 프라이팬에 샐러드유를 두르고
   타지 않을 정도로 양파를 볶는다. 단
   맛이 올라오면 볼에 옮겨 식힌다.
5 볼에 3과 4, 고추기름, 생크림을 넣는
   다. 핸드 블렌더로 고추의 식감이 남
   을 정도의 페이스트 상태로 만든다.

보존방법·기간

냉장으로 1주일간, 냉동으로 3개월간 보
존 가능

용도

익힌 등 푸른 생선에 잘 어울리기 때문에 **은어 콩피**나
구운 가다랑어 등에 곁들이는 경우가 많습니다. 소스를
차갑게 해서 따뜻한 생선에 올려 온도차를 즐길 수 있도록
하면 좋습니다. 딥소스로 **익히지 않은 채소**에 곁들이거나
단새우와 섞어서 **카펠리니**의 소스로 사용해도 좋습니다.
(요코야마 히데키/(食)마시카)

콜리플라워 퓌레

콜리플라워의 감칠맛을 즐길 수 있다

콜리플라워를 푹 삶아서 그 맛을 충분히
우려낸 퓌레. 풍미가 부드러워 그냥 먹어도
충분히 맛있다.

재료

A | 콜리플라워(작은 송이로 자른 것) 400g
| 버터 40g
| 물 600㎖
생크림(생크림 38%) 80g
소금 적당량

만드는 방법

1 냄비에 A를 넣고 끓인다. 콜리플라워
가 부드러워지면 나무주걱으로 으깨
면서 끓인다.
2 퓌레 상태가 되었으면 푸드 프로세서
에 넣고 부드러워질 때까지 돌린다.
생크림을 넣어 섞은 다음 소금으로
간을 한다.

보존방법·기간

만들어서 그날 모두 사용하는 것이 좋지
만 냉장으로 2일간 보존 가능

용도

대구 뫼니에르에 그르노블 소스(p.61)와 함께 곁들이고
있습니다. 조개 육수를 넣고 삶은 양배추와도 잘 어울립니다.
커민을 뿌리고 구운 닭 가슴살처럼 향신료를 사용한 요리나
카레에 곁들여도 좋습니다. (곤노 마코토/오르간)

콜리플라워 브로콜리 딥

마늘을 넣어 두 가지 채소의 맛을 살려주었다

모양은 비슷하지만 맛이 다른 콜리플라워와
브로콜리로 만든 딥. 마늘을 넣어 콜리플라워의
신선함과 브로콜리의 감칠맛을 살려주었다.

저료

콜리플라워(작은 송이로 자른 것) 100g
브로콜리(작은 송이로 자른 것) 100g
생 햄 30g
마늘(잘게 다진다) 1쪽
고추 1개
올리브 오일 30㎖
할라페뇨 소스(시판) 10㎖
소금 적당량

만드는 방법

1 콜리플라워와 브로콜리는 따로따로
소금물에 데쳐서 익힌다. 브로콜리
는 데치는 시간이 길면 색이 변하기
때문에 강불에 단시간 데친다.
2 프라이팬에 생 햄, 마늘, 고추, 올리
브 오일을 넣고 중불에 볶는다. 향이
올라오면 1을 넣는다.
3 콜리플라워와 브로콜리가 부드러워
지면 나무주걱으로 으깬 다음 할라
페뇨 소스를 넣는다.

보존방법·기간

1주일간 냉장 보존 가능

용도

바게트나 채소스틱에 곁들이면 좋습니다.
(요네야마 다모쓰 / 포쓰라포쓰라)

구운 강낭콩 퓌레

구운 강낭콩의 고소함을 즐길 수 있는 소스

구운 강낭콩의 고소함을 그대로 즐길 수 있는
페이스트. 강낭콩은 데친 다음 물에 씻지 않고
오일만 섞어서 맛이 복잡하지 않고 강낭콩 맛이
응축되었다.

재료

강낭콩 300g
E.V.올리브 오일 20g
올리브 오일 적당량
소금 적당량

만드는 방법

1 강낭콩은 소금물에 3분간 데친 다음
체에 받쳐 식힌다. 맛이 연해지기 때
문에 얼음물에는 담그지 않는다.

2 **1**에 올리브 오일을 뿌리고 달군 프라
이팬에 노릇노릇하게 굽는다. 미리
올리브 오일을 뿌려두면 최소한의 기
름으로 구울 수 있기 때문에 완성되
었을 때 불필요한 맛이 나지 않는다.

3 볼에 **2**와 E.V.올리브 오일을 넣고
핸드 블렌더로 퓌레 상태가 될 때까
지 갈아준다. 마지막에 소금으로 간
을 한다.

보존방법·기간

2~3일간 냉장 보존 가능

용도

다양하게 사용할 수 있는 소스입니다. 채소는 <u>토마토</u>나
<u>파프리카</u>처럼 단맛이 있는 것과 어울리고 <u>토마토 소스</u>와
섞어도 좋습니다. 특히 <u>어패류</u>에 잘 어울리는데 문어나
<u>흰살생선, 참치</u> 등 어종에 상관없이 다양하게 사용할 수
있습니다. <u>찌거나 구운 육류</u>에 곁들여도 잘 어울립니다.
<u>문어</u>가 들어간 <u>파스타</u> 요리에 곁들여도 좋습니다.
(오카노 유타/일 테아트리노 다 살로네)

문어 강낭콩 감자 그린 올리브 인살라타

(오카노 유타/일 테아트리노 다 살로네)

문어 강낭콩 감자 샐러드라고 하는 나폴리의
서민적인 요리에 변화를 주었다. 구운 강낭콩
퓌레와 레몬즙을 소스로 곁들여 문어와 감자를 먹는
멋스러운 요리이다.

재료 1인분

대문어 다리* 2개
구운 강낭콩 퓌레(위) 적당량
감자 적당량
레몬 1/4개
올리브 4개
이탈리안 파슬리(다진다) 적당량

* 문어는 물에 깨끗이 씻어서 레드 와인(적
당량)과 와인 코르크와 같이 진공팩에 넣
어 65℃로 3시간 중탕한다. 이탈리아에서
는 코르크를 같이 넣어주면 문어가 부드러
워진다고 한다.

만드는 방법

1 대문어 다리는 세로로 반으로 잘라
먹기 좋게 단면에 격자로 칼집을 깊
게 낸다.

2 감자는 껍질을 벗기고 두께 1㎝로 잘
라 삶는다. 레몬은 양끝을 자른다.

3 접시에 **1**과 **2**의 감자를 담은 다음 구
운 강낭콩 퓌레와 **2**의 레몬을 곁들인
다. 올리브와 이탈리안 파슬리를 뿌
린다.

병아리콩 페이스트

판체타와 향미 채소의 고소함을 더했다

바삭하게 구운 판체타와 향미 채소를 더해
병아리콩 안에 숨겨진 풍미를 살린 페이스트.
맛이 깊어서 심플하게 빵에 발라 먹어도 충분히
만족감을 느낄 수 있다.

재료

병아리콩(말린 것) 250g

A
- 마늘 3쪽
- 월계수 잎 2장
- 소금 7.5g
- 물 1.5ℓ

판체타(주사위 모양으로 자른다) 100g
마늘 3쪽
셀러리 70g
올리브 오일 적당량
흑후추 적당량

만드는 방법

1. 병아리콩은 하룻밤 물에 담가둔다.
2. **1**의 물을 버리고 **A**와 함께 냄비에 넣고 끓인다. 끓어오르면 약불로 줄여 병아리콩이 부드러워질 때까지 삶는다.
3. 다른 냄비에 올리브 오일을 두르고 마늘을 넣은 다음 향이 올라오면 판체타와 셀러리를 넣는다.
4. 판체타가 바삭하게 구워졌으면 **2**의 병아리콩 삶은 물(적당량)을 넣고 간이 배도록 끓인다.
5. 믹서에 **4**를 넣고 부드러워질 때까지 돌린다. 농도는 병아리콩 삶은 물로 맞춘다. 흑후추로 간을 한다.

보존방법·기간

1주일간 냉장 보존 가능

용도

보통은 <u>구운 빵</u>에 발라 <u>크로스토니</u>를 만들지만 콩을 즐겨 먹는 나폴리에서는 <u>파스타 소스</u>로 사용하기도 합니다. 이 때는 삶은 병아리콩 일부를 그대로 파스타에 넣습니다.
(오카노 유타/일 테아트리노 다 살로네)

병아리콩 산초열매 후무스

산초열매를 넣은 병아리콩 페이스트

후무스Hummus는 중동식 병아리콩 딥이다.
마늘과 흰깨 페이스트를 사용하지만
산초열매를 대신 넣으면 일본주에도
와인에도 잘 어울린다.

재료

볕아리콩(말린 것) 475g

A
| 산초열매* 7g
| 육수(p.197) 200㎖
| 부용(p.198) 400㎖

＊ 산초열매는 줄기에서 분리하여 중탕으로
3~4분간 삶은 다음 차가운 물에 12시간 정
도 담가두었다가 사용한다.

만드는 방법

1 병아리콩은 하룻밤 물에 담가둔다.
2 1의 물기를 제거하고 A와 함께 철제
   냄비에 넣는다. 뚜껑을 덮고 200℃로
   예열한 오븐에 넣고 병아리콩이 부드
   러워질 때까지 1시간 정도 가열한다.
3 2를 걸러서 육수는 따로 분리해둔
   다. 병아리콩과 산초열매는 육수(적
   당량)와 함께 믹서에 넣어 페이스트
   상태가 될 때까지 돌린다.

보존방법·기간

4~5일간 냉장 보존 가능

그냥 술안주로 사용해도 좋고
채소스틱에 곁들여도 좋습니다.
(요네야마 다모쓰 / 포쓰라포쓰라)

풋콩 명란젓 딥

명란젓 마요네즈에 으깬 풋콩을 섞어주었다

풋콩의 풋풋한 향과 명란젓의 매운맛이
미묘하게 어울린다. 풋콩 이외의 어떤 콩을
사용해도 괜찮다.

재료

풋콩(콩깍지를 벗기지 않은 것) 200g
명란젓 75g
마요네즈 60g
소금 적당량

만드는 방법

1 풋콩은 콩깍지 그대로 소금물에 삶
   는다. 콩이 익으면 얼음물에 담가 식
   힌다.
2 콩깍지를 벗기고 굵은 체에 내려 콩
   의 입자기 남도록 한다.
3 2와 막을 제거한 명란젓, 마요네즈
   를 섞는다.

보존방법·기간

4~5일간 냉장 보존 가능

그대로 먹어도 바게트에 곁들여도 좋습니다. 얇게 편 피자
반죽에 마요네즈, 풋콩 명란젓 딥 순서로 바르고 삶은
풋콩을 뿌린 다음 노릇하게 구워주면 술안주에 어울리는
피자가 됩니다. (요네야마 다모쓰/포쓰라포쓰라)

옥수수 콩디망

향신료로 달콤한 향과 매운맛을 살려서 이국적으로

옥수수의 부드러운 풍미에 매운맛과 달콤한 향을
더한 이국적인 맛의 콩디망. 옥수수는 일부를
알갱이 상태로 넣어 식감도 즐긴다.

재료
옥수수 1개
버터 8g
볶은 양파*1 45g

향신료
파프리카 파우더 소량
심황 파우더 소량
육두구 파우더 소량
카옌페퍼 파우더 소량
카더멈(으깬다) 소량
향미 채소*2 적당량
소금 적당량

*1 볶은 양파 만드는 방법: 냄비에 샐러드유
(적당량)을 두르고 얇게 자른 양파(4개)와
다진 마늘(2쪽)을 넣고 뚜껑을 덮고 약불
에 볶는다. 타지 않도록 중간에 섞어주면
서 약 1시간 정도 볶는다.

*2 양파, 마늘, 셀러리, 파슬리 다진 것 등

만드는 방법
1 옥수수는 껍질을 벗기지 않고 향미
채소와 함께 삶는다. 옥수수가 익으
면 꺼내서 칼로 알갱이를 심에서 분
리한다.

2 냄비에 버터를 넣고 약불에 가열한
다. 1을 넣고 볶은 다음 수분이 날아
가면 볶은 양파와 향신료를 넣는다.

3 냄새가 나기 시작하면 식혀서 1/2~
2/3 정도의 양을 믹서나 칼로 잘게
다진다. 다지지 않은 옥수수와 섞어
서 소금으로 간을 한다.

보존방법·기간
4~5일간 냉장 보존 가능

용도

향신료가 듬뿍 들어갔기 때문에 **구운
붕장어**나 **푸아그라 테린**처럼 맛이 진한
요리에 잘 어울립니다. (곤노 마코토/오르간)

소스&딥 Collection 6 — 생선에도 고기에도 채소에도 어울리는 만능 소스

향을 더하는 소스

● **살사 베르데**(p.64)
이탈리안 파슬리에 안초비와
케이퍼를 넣은 산뜻한 향의
소스

● **로메스코 소스**(p.95)
파프리카, 토마토, 땅콩으로
만드는 스페인 카탈루냐
지방의 소스

**요리를 산뜻하게
먹을 수 있는 소스**

깊은 맛을 더하는 소스

● **페스토 트라파네제**(p.97)
마늘, 아몬드, 토마토, 바질로 만드는
이탈리아 시칠리아 섬의 소스

감칠맛을 더하는 소스

● **과카몰리 프레스코**(p.106)
멕시코에서 시작된 아보카도
딥. 육류나 생선요리, 구운
채소의 소스로도 사용할 수
있다.

● **앙쇼야드 소스**(p.16)
안초비를 넣은 비네그레트.
샐러드는 물론 육류, 생선,
채소요리에 곁들여도 좋다.

● **라비고트 소스**(p.98)
케이퍼와 허브, 토마토, 알이
굵은 머스터드가 들어간
산미가 있는 소스

● **살사 세보야**(p.105)
생 양파와 허브 소스. 지방이
많은 고기나 생선, 구운
채소에 잘 어울린다.

옥수수 퓌레

옥수수의 단맛과 감칠맛

옥수수를 푹 삶아서 만든 퓌레. 육수를 첨가하지 않고 옥수수 본연의 단맛과 감칠맛을 그대로 우려냈다.

재료

옥수수 2개
버터 30g
물 적당량

만드는 방법

1 옥수수는 칼로 알갱이를 심에서 분리한다.
2 냄비에 버터를 넣고 1을 넣은 다음 타지 않도록 볶는다. 고소한 향이 올라오면 잠길 정도의 물을 붓고 옥수수 껍질이 부드러워질 때까지 약 30분 정도 약불에 끓인다.
3 믹서에 2를 넣고 돌린다. 퓌레 상태가 되면 걸러준다.

보존방법·기간

3~4일간 냉장 보존 가능

용도

육수나 우유, 생크림을 넣으면 **콘크림 수프**가 됩니다. **콘소메**를 차갑게 해서 젤리 상태로 굳혀서 그 위에 올리거나 감자수프인 **비시스와즈**와 함께 두 가지 색의 수프를 만들어도 좋습니다. 육수 등을 넣지 않고 만들었기 때문에 **디저트**에 응용할 수도 있습니다.
(곤노 마코토/오르간)

옥수수 무스

거품을 낸 생크림이 옥수수의 단맛을 살려준다

옥수수 퓌레에 거품을 낸 생크림을 넣은 무스. 부드러운 생크림이 옥수수의 단맛을 살려준다.

재료

옥수수 퓌레(위) 300g
핀 젤라틴 6g
생크림(유지방 38%) 100g

만드는 방법

1 옥수수 퓌레를 냄비에 넣고 중불에 끓이면서 물에 불린 판 젤라틴을 넣고 녹인다. 냄비를 얼음물 위에 올려 식힌 다음 걸쭉해질 때까지 거품기로 섞는다.
2 1에 거품을 낸 생크림을 2~3회 나누어 넣으면서 섞는다.

보존방법·기간

기포가 사라지기 쉽기 때문에 오래 두면 흘러내려서 필요할 때 만들어 빨리 사용한다.

용도

옥수수 콩디망(p.120)과 함께 **구운 붕장어**나 **푸아그라 테린**처럼 맛이 진한 요리에 곁들입니다. **구운 빨간 피망**과도 잘 어울립니다.
(곤노 마코토/오르간)

매실 깨 갈은 무 소스

갈은 무에 우메보시와 깨를 넣었다

여름철에 어울리는 깔끔하면서도 감칠맛이 나는
갈은 무. 가볍게 물기를 제거한 갈은 무에 조금
단맛이 있는 우메보시(매실 장아찌)를 으깬 것과
깨를 섞었다.

갈은 무 100g
우메보시 3개
갈은 흰깨 2큰술
간장 15㎖

1 갈은 무는 가볍게 물기를 제거한다.
  우메보시는 조금 단맛이 있는 것을
  골라 씨를 빼고 칼로 으깬다.
2 1과 그 외의 재료를 섞는다.

1~2일간 냉장 보존 가능

날것의 어패류 위에 올리거나 **회**에 곁들입니다. 또
돼지고기 냉 샤브샤브, 삶은 닭 가슴살, 소고기 같은
육류에도 잘 어울립니다. 기름기가 많은 식재료와 잘
어울리기 때문에 간장의 양을 늘리면 **버무리는 소스로**
사용할 수도 있습니다. (나카야마 고조/시아와세산미)

유자 후추 오로시 폰즈

겨울철 요리에 편리한 유자 후추를 넣은 오로시 폰즈

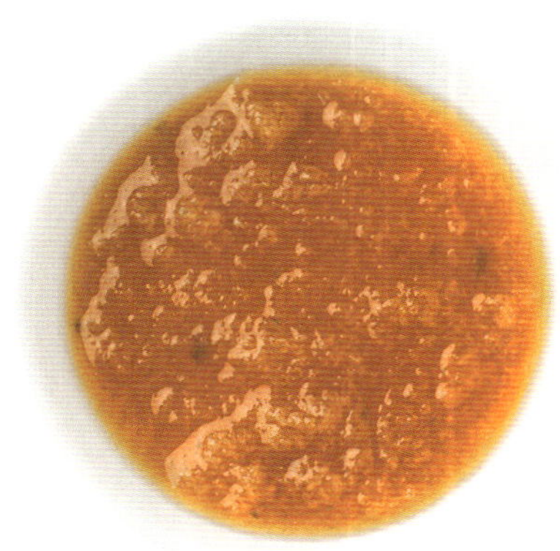

갈은 무에 폰즈를 넣고 유자 후추로 매운맛을 더했다.
나베요리에 곁들이거나 생선회 위에 올리는 고명으로
사용하는 겨울철에 편리한 오로시 폰즈*

* 무를 갈아 폰즈에 넣은 것

갈은 무 3큰술
폰즈(p.198) 100㎖
유자 후추 1/2작은술

1 갈은 무는 가볍게 물기를 제거한다.
2 1에 폰즈와 유자 후추를 넣고 섞는다.

1~2일간 냉장 보존 가능

매실 깨 갈은 무 소스와 사용하는 용도는 거의
비슷합니다. 이 소스는 **겨울철 요리**에 사용하는
갈은 무 소스입니다. **갯장어 샤브샤브, 도미
샤브샤브, 방어 샤브샤브**에 곁들여주면 좋습니다.
술찜을 한 광어와 같은 생선에 뿌려주어도
좋습니다. (나카야마 고조/시아와세산미)

오이 식초

오이의 녹색이 싱그러운 식초 소스

단식초에 갈은 오이와 태백 참기름을 넣은 예쁜
녹색의 식초 소스. 참기름을 조금 넣어 산화시켜서
부드럽게 만들었다.

재료

오이 1개

A
| 쌀 식초 15㎖
| 설탕 1작은술
| 타백 참기름* 5㎖

* 참깨를 볶지 않고 짠 기름으로 색과 향이
 ㄱ 의 없다.

만드는 방법

1 오이는 강판에 갈아서 물기를 가볍게
   제거한다.
2 A의 재료를 섞은 다음 1을 넣는다.

보존방법·기간

다음날이 되면 색이 변하기 때문에 만들
어서 그날 모두 사용한다.

용도

끓는 물에 살짝 데친 문어, 가리비, 가다랑어
타타키 위에 올리거나 뿌려주면 좋습니다.
맛이 담백한 **닭 가슴살**에도 잘 어울립니다.
(나카야마 고조/시아와세산미)

오이 케이퍼 소스

오이의 청량감을 케이퍼의 산미로 더 살려준다

오이에 케이퍼를 섞어서 산미와 청량감을 높인
소스. 바냐 후레이다(p.66)를 넣어줌으로써
감칠맛이 증가하고 유화되기 쉽다. 싱그러운
녹색이 다른 식재료의 색을 살려주기 때문에
보기에 예쁜 요리가 완성된다.

재료

오기 500g

소금 8g

A
| 케이퍼(초절임, 다진다) 100g
| 바냐 후레이다(p.66) 100g
| E.V.올리브 오일 80g

만드는 방법

1 오이는 적당한 크기로 잘라 푸드 프
   로세서에 소금과 같이 넣고 돌린다.
   소금 간이 배도록 1시간 정도 그대
   로 둔다.
2 짜서 수분을 제거하고 볼에 담는다.
   A를 넣고 잘 섞는다.

보존방법·기간

1주일간 냉장 보존 가능

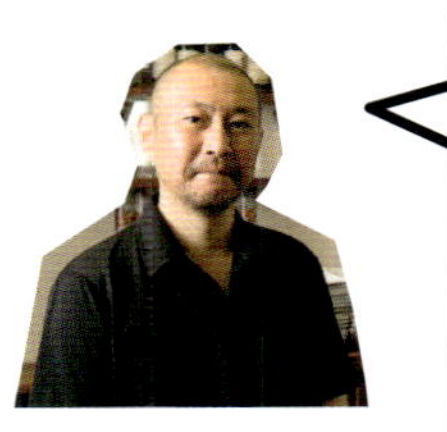

용도

붕장어나 갯장어에 잘 어울리기 때문에 **양념을
하지 않고 구운 붕장어**에 곁들이면 아주 좋습니다.
취향에 따라 레몬즙을 넣으면 더 산뜻한 맛을 즐길
수 있습니다. 케이퍼의 분량을 늘리고 비네거를
넣으면 **문어 마리네**에도 응용할 수 있습니다. 또 **감자
샐러드**에 조미료로 넣어주면 청량감이 느껴지는
샐러드가 됩니다. (요코야마 히데키/(食)마시카)

오크라 앙

오크라를 넣은 따뜻한 긴앙

여름철 요리에 사용하는 따뜻한 소스. 긴앙* 안에
으깬 오크라를 섞었다.

* 긴앙銀餡: 조미 육수를 끓여서 갈분이나 녹말가루로 걸
  쭉하게 만든 것

재료

긴앙 육수

아래 분량으로 만들어 100㎖ 사용

육수(p.197) 160㎖

간장 10㎖

미림 10㎖

오크라 3개

갈분물, 소금 각각 적당량

만드는 방법

I 오크라는 소금을 뿌리고 손으로 굴려
연하게 한 다음 뜨거운 물에 살짝 데
친다. 세로로 반을 잘라 씨와 심줄을
제거하고 칼로 두드린다.

2 긴앙 육수의 재료를 섞은 다음 끓
인다.

3 **2**가 끓어오르면 긴앙 육수에 I을 섞
은 다음 갈분물을 넣고 걸쭉하게 만
든다. 필요에 따라 농도를 조절한다.

보존방법·기간

필요할 때 만들어 모두 사용한다.

용도

차완무시(일본식 달걀찜)를 만들 때 위에 뿌려줍니다.
오크라는 매실과 잘 맞기 때문에 **매실 차완무시**에
특히 어울립니다. **구이 요리**나 **찜 요리** 위에
뿌려주어도 좋습니다. 걸쭉하게 만들기 전의 상태라면
일본식 갯장어 수프를 만들 때 섞어주어도 좋습니다.

(나카야마 고조/시아와세산미)

감자 퓌레

삶은 감자를 사용하여 점성이 있는 퓌레

버터맛을 확실히 입혀주면 짠맛이
부드러워져서 좋다. 메이퀸 감자처럼 점성이
있는 감자가 가장 적합하고, 숙성 감자처럼
단맛이 강한 감자를 사용하면 맛있다.

재료

감자 1kg

버터 200g

소금 5g

물 적당량

만드는 방법

I 감자는 껍질을 벗기고 주사위 모양으
로 자른다.

2 1을 냄비에 넣고 감자가 잠길 정도로
물을 붓는다. 소금을 넣고 냄비 뚜껑
을 닫고 감자를 삶는다.

3 중불로 감자의 안쪽까지 푹 삶는다.
감자가 부드러워지면 뚜껑을 열고 더
삶아 수분을 날려준다.

4 버터를 넣고 잘 섞는다. 감자 덩어리
가 조금 남아있는 상태로 완성한다.

보존방법·기간

냉장으로 2~3일간, 냉동으로 1주일간
보존 가능

용도

구운 생선에 곁들이는 경우가 많습니다. **소 볼살 레드
와인 조림**처럼 맛이 진한 조림요리 아래에 깔아주어도
좋습니다. 소분하여 랩에 싸서 냉동해두었다가 필요할 때
전자렌즈에 해동하여 사용할 수 있어서 편리합니다.

(요코야마 히데키/(食)마시카)

햇생강 그라니타

상쾌한 자극을 주는 핑크색 그라니타

햇생강의 상쾌한 청량감에 매운맛이 살아있는
그라니타Granita. 생강 엑기스를 추출한 다음
레몬즙을 섞어서 예쁜 핑크색으로 완성했다.
보존성이 높기 때문에 많이 만들어두면
편리하다.

재료
햇생강 2kg
트레할로오스 50g
레몬즙 80g
물 1kg

만드는 방법
1 볼에 햇생강과 소량의 물(분량 외)을 넣고 핸드 블렌더로 갈아준다.
2 냄비에 **1**, 물, 트레할로오스를 넣고 끓인다. 거품이 생기면 제거하고 10분 정도 약불에 끓인다.
3 체에 면보 등을 깔고 **2**를 거른다.
4 식혀서 레몬즙을 넣은 다음 용기에 담아 얼린다.
5 포크로 적당한 크기로 깬 다음 다시 냉동고에 넣는다. 이 작업을 몇 번 반복한다.

보존방법·기간
1개월간, 냉동 보존 가능

용도

여름철 메뉴인 '갯장어 가지 카펠리니'에 곁들이면 손님들이 좋아합니다. 붕장어나 갯장어, 등 푸른 생선에 잘 어울립니다. 단맛을 강하게 하면 입가심용 그라니타로 사용할 수 있습니다. (요코야마 히데키/(食)마시카)

갯장어 가지 카펠리니
(요코야마 히데키/(食)마시카)

갯장어 육수 가지소스(p.86)에 버무린 카펠리니에 햇생강 그라니타를
곁들였다(만드는 방법 → p.87).

흑마늘 소스

흑마늘의 부드러운 풍미를 살렸다

양파는 단맛을 우려내기 위해 푹 삶지만 흑마늘은
그 풍미를 살리기 위해 가열하지 않고 넣는다.
마늘을 숙성시킨 흑마늘은 향도 맛도 부드럽다.

재료

흑마늘* 3쪽

A
육수(p.197) 500㎖
맛술 50㎖
간장 50㎖
양파(얇게 자른다) 1/2개
설탕 50g

* 검게 변할 때까지 고온 고습도에서 발효 숙
성시킨 마늘

만드는 방법

1 냄비에 **A**를 넣고 타지 않도록 중불
에 끓인다.

2 물이 1/3 정도로 줄어들어 걸쭉해지면
체에 걸러 양파를 분리한 다음 으깬
흑마늘을 넣고 고운 체에 걸러준다.

보존방법·기간

10일간 냉장 보존 가능

용도

닭고기 아보카도 흑마늘 소스 구이

(나카야마 고조/시아와세산미)

흑마늘 소스를 바르면서 노릇노릇하게 구운 닭고기에 구운
아보카도를 곁들였다. 소스가 타기 쉽기 때문에 닭고기가 80% 정도
익었을 때 소스를 발라주는 것이 좋다.

재료 1인분

닭 다리살 1/2장
아보카도 1/8개
흑마늘 소스(위) 적당량
소금 적당량

만드는 방법

1 닭 다리살은 소금을 뿌린 다음 소금
간이 배도록 냉장고에 30분 동안 넣
어둔다.

2 충분히 달군 석쇠 위에 닭 다리살을
올려 굽는다. 80% 정도 익었으면 앞
뒤를 뒤집으면서 흑마늘 소스를 발라
굽는다. 소스는 3~4회 정도 바른다.

3 아보카도는 씨와 껍질을 제거한 다음
8등분으로 잘라 석쇠에 굽는다. 아보
카도가 다 구워졌으면 마지막에 흑마
늘 소스를 바른다.

4 닭 다리살을 먹기 좋은 크기로 잘라
아보카도와 함께 접시에 담는다.

하리사

강한 매운맛에 커민의 향

하리사Harrisa는 지중해 연안의 나라에서 사용하는
매운 페이스트이다. 북아프리카 요리 쿠스쿠스에
곁들이는 홍고추로 만든 하리사가 유명하지만
이 레시피는 청고추로 만든 하리사이다. 산뜻하고
강렬한 매운맛과 커민 향이 이국적인 조화를 이룬다.

재료
청고추 100g
바질 잎 15g
커민 30g
마늘 1쪽
올리브 오일 150g

만드는 방법
▎ 믹서에 모든 재료를 넣고 부드러워질
때까지 돌린다.

보존방법·기간
1주일간 냉장 보존 가능

용도

아마트리치아나 같은 토마토를 사용한 소스의
파스타나 염소나 양고기처럼 독특한 맛을
가지고 있는 고기에 잘 어울립니다. 살짝
구운 여름 채소와도 잘 맞습니다. 청고추를
홍고추로, 커민을 코리안더와 캐러웨이 씨로
바꾸면 빨간 하리사가 됩니다. 빨간 하리사는
염소나 양고기 요리에 곁들이거나 레드 와인
조림을 한 고기에 곁들이거나 합니다.
(유아사 잇세이/비오디나미코)

살사 알 크랜

산미와 단맛을 더한 홀스래디시 페이스트

홀스래디시(서양 고추냉이)에 비네거의
산미와 은은한 단맛을 더한 소스.
단맛으로 매운맛이 부드러워지고
홀스래디시 자체의 단맛과 감칠맛을
느낄 수 있다.

재료
홀스래디시(갈은 것) 250g
빵(작게 자른다) 100g
화이트 와인 비네거 75g
올리브 오일 30g
그라뉴당 15g
소금 3g

만드는 방법
▎ 푸드 프로세서에 모든 재료를 넣고
부드러워질 때까지 돌린다.

보존방법·기간
표면에 올리브 오일을 두르고 2~3주일
간 냉장 보존 가능

용도

이 소스는 홀스래디시의 명산지인 이탈리아 프리울리베네치아줄리아
주의 소스입니다. 프리울리베네치아줄리아 주에는 국경선이 있어서
이웃 나라 식문화의 영향을 많이 받아 다른 지역에 비해 돼지고기를
많이 먹습니다. 이 소스도 '가르다이아 디 마이알레'라고 하는 삶은
돼지고기 소시지 요리에 곁들이는 것이 일반적입니다.
삶은 돼지고기뿐만 아니라 구운 돼지고기에도 어울리고 소고기에도
어울립니다. 스모크 새먼이나 리코타 아푸미카타(훈연한 리코타)처럼
훈제한 식재료와도 잘 맞습니다. (유아사 잇세이/비오디나미코)

파 산초열매 소스

파의 부드러움을 산초열매가 잡아준다

파의 풍미를 응축한 걸쭉한 퓌레에 산초열매를
넣은 소스. 파채를 만들고 남은 대파나 요리나
고명으로 사용하고 남은 실파를 활용하면 좋다.

[재료]

대과의 심 부분이나 실파의 뿌리 부분
(짙게 다진다) 200g
산초열매(p.119) 20g
일본주 100㎖
육수(p.197) 300㎖
태백 참기름* 40㎖

* 참깨를 볶지 않고 짠 기름으로 색과 향이
  거의 없다.

[만드는 방법]

1 냄비에 태백 참기름을 두르고 파와
  산초열매를 넣고 파가 흐물흐물해질
  때까지 볶는다.
2 일본주를 넣고 알코올을 날린다. 육
  수를 넣고 파가 부드러워질 때까지
  끓인다.
3 믹서에 **2**를 넣고 돌려서 페이스트 상
  태로 만든다.

[보존방법·기간]

4~5일간 냉장 보존 가능

닭고기 소테를 한 프라이팬으로 파 산초열매 소스를
만들어 구운 고기에 곁들입니다. 같은 방법으로
돼지고기 소테에도 사용합니다.
(요네야마 다모쓰 / 포쓰라포쓰라)

야쿠미 앙

긴앙에 야쿠미의 매운맛과 향을 더했다

오크라 앙(p.124)처럼 긴앙 육수가 베이스.
다진 생강이나 차조기 잎, 양하와 같은 야쿠미*
로 사용되는 채소를 넣어 산뜻한 매운맛과
향을 더했다.

* 요리에 곁들이는 양념이나 고명

[재료]

긴앙 육수
아래 분량으로 만들어 100㎖ 사용
　육수(p.197) 160㎖
　간장 10㎖
　맛술 10㎖
　다진 생강 1작은술
A 차조기 잎(잘게 다진다) 4장
　양하(잘게 다진다) 1개
갈분물 적당량

[만드는 방법]

1 냄비에 긴앙 육수 재료를 넣고 끓인
  다음 100㎖만 사용한다.
2 **A**를 넣고 갈분물로 걸쭉하게 만든
  다. 필요에 따라 농도를 조절한다.

[보존방법·기간]

필요할 때 만들어 바로 사용한다.

생선쯤이나 닭 튀김, 흰살생선 등에
어울립니다. 돼지고기 소금구이에 곁들여도
좋습니다. (나카야마 고조/시아와세산미)

영귤 줄레

영귤의 산뜻한 풍미

연한 간장을 사용하여 영귤すだち의 산뜻한 풍미를
살려준 줄레(젤리). 영귤 대신에 유자를 사용하여
유자즙과 껍질을 갈아서 넣은 유자 줄레를
만들어도 좋다.

재료

줄레 육수

육수(p.197) 1080㎖

연한 간장 90㎖

맛술 90㎖

판 젤라틴 18g

영귤즙 2개분

만드는 방법

1 줄레 육수를 만든다. 육수를 끓여 연
한 간장과 맛술을 넣고 끓어오르기
직전에 불을 끄고 걸러준다. 육수가
뜨거울 때 물에 불린 판 젤라틴을 넣
고 녹인다.

2 밀폐용기에 담아 얼음물에 식힌 다
음 영귤즙을 넣어 섞은 다음 냉장고
에 넣어 굳힌다. 적당히 으깨어 필요
할 때 사용한다.

보존방법·기간

2~3일간 냉장 보관 가능. 향이 날아가기
때문에 가능하면 빨리 사용한다.

용도

시라아에

두부를 고운 체에 두 번 내려서 부드럽게

두부를 고운 체에 두 번 내려서 부드럽게
만들어주는 것이 포인트, 태백 참기름이나
육수를 넣어주면 더 부드러운 시라아에*가 된다.

* 시라아에는 원래 으깬 참깨와 두부에 데친
  채소 등을 버무린 무침요리이다.

재료

두부 1모

A
설탕 1.5큰술
간장 15㎖
볶은 흰깨 1큰술
소금 소량

만드는 방법

1 두부는 가볍게 물기를 제거한다. 수분
을 너무 많이 빼지 않도록 주의한다.

2 한 번 체에 내려 **A**를 넣고 고무주걱
으로 잘 섞는다.

3 **2**를 한 번 더 체에 내려 부드럽게 완
성한다.

보존방법·기간

3~4일 냉장 보존 가능

용도

유바 참마 베샤멜 소스

모든 채소에 어울리는 부드러운 맛

재료

생유바 100g
참마(껍질을 벗기고 1㎝ 두께로 자른다) 200g
양파(얇게 자른다) 50g
육수(p.197) 270㎖
버터 25g

만드는 방법

1 프라이팬에 버터를 녹인 다음 참마와 양파를 타지 않게 볶는다.
2 참마가 익었으면 생유바와 육수를 넣고 중불에 20분간 볶는다.
3 믹서에 **2**를 넣고 곱게 갈아준다.

보존방법·기간

3~4일 냉장 보존 가능

유바*와 참마로 만든 식물성 베샤멜 소스Bechamel Sauce. 다양한 채소에 어울리고 채소 그라탱의 소스로 사용해도 좋다. 참마 대신에 백합 뿌리를 사용해도 맛있다.

* 콩 우유를 가열했을 때 형성되는 얇은 막

용도

유바 참마 베샤멜 소스 주키니 그라탱

(요네야마 다모쓰/포쓰라포쓰라)

주키니를 구워서 유바와 참마로 만든 베샤멜 소스를 뿌린 다음 그라탱으로 만들었다.

만드는 방법

1 주키니는 1.5㎝ 두께로 통썰기를 한 다음 올리브 오일에 굽는다.
2 용기에 **1**을 넣고 유바 참마 베샤멜 소스(위)를 뿌린다. 230℃로 예열한 오븐에 6분간 굽는다.

두부 딥

크림 치즈를 넣은 푹신푹신한 딥

두부와 크림 치즈를 섞어서 푹신푹신하고
부드러운 딥. 치즈의 부드러운 맛 뒤에 두부의
은은한 맛이 느껴진다.

재료

두부 300g
크림 치즈 150g
판 젤라틴 3g
물 50㎖

만드는 방법

1 냄비에 물에 불린 판 젤라틴과 물을 넣고 끓여 젤라틴을 녹인다.
2 두부는 물기를 뺀 다음 크림 치즈와 섞어 핸드 블렌더로 곱게 갈아준다.
3 2에 1을 넣고 고운 체에 내린 다음 2시간 정도 냉장고에서 식힌다.

보존방법·기간

2일간 냉장 보관 가능. 향이 날아가기 때문에 가능하면 빨리 사용한다.

용도

두부 아보카도 딥

부드러운 감칠맛이 특징

두부와 아보카도, 각각의 부드러움이 합쳐진
딥. 시라스(멸치의 치어)를 곁들이면 훌륭한
술안주가 된다.

재료

아보카도 135g
두부(물기를 뺀 것) 135g
시라스 적당량
화이트 와인 비네거 5㎖
소금 적당량

만드는 방법

1 아보카도는 씨와 껍질을 제거하고 색이 변하지 않도록 화이트 와인 비네거를 뿌린다.
2 1과 두부를 섞은 다음 소금으로 간을 한다. 고운 체에 내려서 보관하고 먹기 전에 시라스를 곁들인다.

보존방법·기간

2일간 냉장 보관 가능

용도

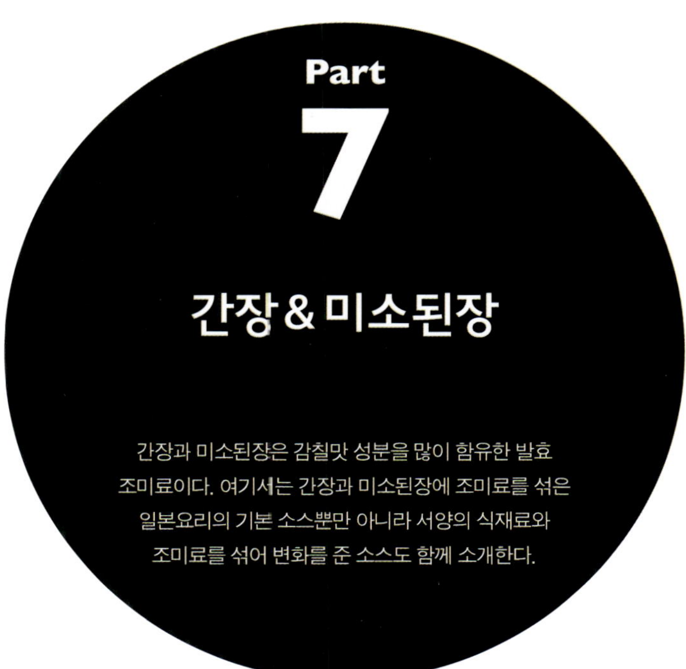

낫토 간장 소스

태백 참기름을 넣어 독특한 맛을 부드럽게 잡아주었다

태백 참기름으로 낫토 특유의 맛을 줄인 회를
찍어 먹는 소스. 믹서에 돌린 다음 걸러서
부드럽게 완성했다.

재료

낫토 150g
간장 70㎖
육수(p.197) 140㎖
태백 참기름* 30㎖
겨자 1큰술

* 참깨를 볶지 않고 짠 기름으로 색과 향이
거의 없다.

만드는 방법

1 볼에 모든 재료를 넣고 핸드 블렌더
   로 곱게 갈아준다.
2 1을 걸러 더 부드럽게 만든다.

보존방법·기간

1주일간 냉장 보관 가능. 단 맛이 변하기
때문에 3~4일 안에 사용하는 것이 좋다.

용도

회를 찍어 먹는 소스로 사용하거나 위에
뿌려주면 좋습니다. 참치 낫토, 오징어
낫토, 다진 참마나 오크라 등에 뿌려주어도
좋습니다. 해산물 덮밥 소스로 사용해도
어울립니다. (나카야마 고조/시아와세산미)

난반 소스

너무 달지도 시지도 않은 맛

일본주 200g
미림 200g
간장 100g
설탕 80g
쌀 식초 200g

1 냄비에 일본주와 미림을 넣고 알코올을 날린다.
2 간장과 설탕을 넣고 끓이면서 설탕을 녹인다.
3 쌀 식초를 넣고 식힌다.

60일간 냉장 보관 가능

치킨 난반을 위한 소스. 너무 달지도 시지도 않게 만드는 것이 포인트. 물을 넣지 않고 만들기 때문에 단맛과 깊은 맛이 살아있고 보존성도 높다. 재료의 비율을 조절하면 다른 요리에도 응용할 수 있다.

치킨 난반(p.135)을 만들 때 튀긴 닭을 잠깐 담가둡니다. 이 레시피 비율로 만든 소스는 치킨 난반에만 사용하지만 쌀 식초와 설탕의 양을 늘리면 모즈쿠(큰실말) 초절임 소스로 사용할 수 있습니다. (요코야마 히데키/(食)마시카)

생강 깨 간장 소스

산뜻한 생강 간장에 깨를 넣어 깊은 맛을 더했다

갈은 생강 1큰술
간장 100㎖
갈은 흰 깨 50㎖

1 갈은 생강은 칼로 두드려 생강의 심줄을 잘라 더 부드럽게 한다.
2 생강 이외의 재료와 잘 섞는다.

1주일간 냉장 보관 가능

회를 찍어 먹는 소스. 생강 간장에 깨를 넣어 감칠맛과 깊은 맛을 더했다. 시간이 지나면 깨가 수분을 흡수해버리기 때문에 간장을 적당히 섞어서 사용한다.

가다랑어, 전갱이, 정어리, 참치, 고등어 같은 등 푸른 생선의 회를 찍어 먹는 간장으로 사용합니다. 오징어에도 잘 어울립니다. (나카야마 고조/시아와세산미)

치킨 난반

(요코야마 히데키/(食)마시카)

두툼한 튀김옷에 새콤달콤한 난반 소스를 입힌 닭 위에 타르타르 소스를 듬뿍 올려주었다. 닭 다리살을 사용하여 적당히 탄력이 있고 씹으면 안에서 감칠맛이 흘러나온다. 난반 소스와 타르타르 소스의 산미 때문에 많이 먹어도 부담스럽지 않다.

재료 20인분

닭 다리살 2kg

튀김옷

박력분 200g

녹말가루 100g

달걀 2개

일본주 300g

간장 120g

참기름 50g

난반 소스(p.134) 500g

타르타르 소스(p.30) 1kg

허브와 잎채소 적당량

방울토마토(반으로 자른다) 20개

레몬(웨지 모양으로 자른 것) 20개

실파 100g

흑후추 적당량

튀김용 기름 적당량

만드는 방법

1 닭 다리살은 먹기 좋은 크기로 자른다.

2 튀김옷 재료를 잘 섞는다.

3 닭 다리살에 튀김옷을 입힌 다음 170℃ 의 기름에 3분간 튀긴다.

4 여분의 기름을 뺀 다음 난반 소스에 잠 깐 담근다. 여분의 소스는 빼준다.

5 접시에 허브와 잎채소를 깔고 **4**를 담 는다. 타르타르 소스를 올리고 실파와 흑후추를 뿌린다. 방울토마토와 레몬 을 곁들인다.

가다랑어 내장 젓갈 간장

양파의 단맛과 가다랑어 내장 젓갈의 짠맛

재료

가다랑어 내장 젓갈 200㎖
양파(잘게 다진다) 1개
육수(p.197) 100㎖
간장 100㎖
샐러드유 적당량

만드는 방법

1 샐러드유에 양파를 볶아서 투명해지면 가다랑어 내장 젓갈을 넣고 더 볶는다.
2 가다랑어 내장 젓갈이 어느 정도 익었으면 육수를 넣고 끓인다. 마지막에 간장을 넣고 불을 끈다.

보존방법·기간

10일간 냉장 보관 가능.

일본어로 가다랑어 내장 젓갈을 '술도둑'이라고 한다. 짠맛이 강하기 때문에 양파로 단맛을 더했다. 가다랑어 내장 젓갈은 종류에 따라 염분 농도가 다르기 때문에 종류에 따라 들어가는 간장의 양을 조절한다.

'가다랑어 타타키'(p.137)에 뿌려주면 좋습니다. 참치회에도 잘 어울리고 오징어회나 흰새우에 조금 뿌려주면 술안주가 됩니다.
(나카야마 고조/시아와세산미)

올리브 간장

간장의 깊은 맛에 블랙 올리브의 풍미를 더했다.

재료

블랙 올리브 40g
간장 80㎖
올리브 오일 적당량

만드는 방법

1 믹서에 블랙 올리브와 간장을 넣고 곱게 갈아준다. 이 상태로 보존해두고 사용할 때 올리브 오일을 넣는다.

보존방법·기간

올리브 오일을 넣지 않은 상태로 2주일간 냉장 보관 가능

간장의 숙성된 맛에 블랙 올리브의 풍미가 더해져 맛이 깊은 소스가 된다. 사용할 때는 올리브 오일로 농도를 조절한다.

카르파초 소스로 사용하거나 생선 푸알레나 소금구이에 곁들이면 좋습니다. 찌거나 구운 빵을 곁들인 구운 닭고기나 채소에도 어울립니다. (요네야마 다모쓰/포쓰라포쓰라)

가다랑어 내장 젓갈 간장을 곁들인 가다랑어 타타키

(나카야마 고조/시아와세산미)

가다랑어 내장으로 만든 소스와 가다랑어 타타키는 아주 훌륭한 조합이다. 가다랑어의 껍질을 강불에 고소하게 구우면 소스의 향과 더 잘 어울린다.

재료 1인분

가다랑어(뱃살) 100g

가다랑어 내장 젓갈

간장(p.136) 1큰술

고명 각각 적당량

양파(얇게 자른다)

무순(1㎝로 적당하게 자른다)

차조기싹

소금 적당량

만드는 방법

1 가다랑어는 껍질에 소금을 뿌리고 직화로 껍질을 고소하게 굽는다. 생선 살은 표면만 살짝 굽는다. 안쪽까지 익지 않도록 주의한다.

2 수분이 생기기 때문에 얼음물을 사용하지 않고 그대로 식힌다.

3 고명 재료를 섞어서 10분 정도 물에 담가두었다가 물기를 제거한다.

4 **2**를 잘라서 접시에 담는다(1인분에 5~6조각). 가다랑어 위에 가다랑어 내장 젓갈 간장을 뿌리고 **3**의 고명을 올린다.

덴가쿠 미소된장

사쿠라된장과 신슈된장을 섞어 향과 감칠맛이 뛰어난 미소된장 소스

우엉과 생강 등을 넣은 조미된장인 사쿠라된장에
신슈된장을 섞어 감칠맛을 한층 더 살린 구이용
미소된장 소스. 사쿠라된장은 쌀된장과 된장콩을
섞은 교사쿠라된장을 사용하였다.

재료
교사쿠라된장 300g
신슈된장 200g
설탕 350g
일본주 100㎖
미림 100㎖

만드는 방법
1 냄비에 모든 재료를 넣고 나무주걱으로 저으면서 10분간 약불에 끓인다.
2 농도가 걸쭉해져서 부글부글 끓으면서 냄비 바닥이 보일 정도가 되면 완성이다.

보존방법·기간
3개월간 냉장 보존 가능

용도

구운 생선이나 고기에 올리거나 발라줍니다(p.139).
호박 잎 위에 돼지고기나 굴을 올려 구워먹는 '호박 잎 된장구이'에 사용해도 좋습니다. 육수를 넣어
농도를 연하게 하면 구이용 소스로도 사용할 수 있고 '굴 나베'에도 사용할 수 있습니다.
(나카야마 고조/시아와세산미)

올리브 미소된장

감칠맛이 나는 소재를 섞어 맛이 진하다

올리브와 미소된장, 각각의 감칠맛이 어우러져
맛이 한층 더 살아난다. 맛이 진한 딥이기 때문에
독특한 맛의 식재료에 곁들여도 그 맛이 묻히지
않는다.

재료
블랙 올리브 90g
미소된장 90g

만드는 방법
1 믹서에 블랙 올리브와 미소된장을 넣고 곱게 갈아준다.

보존방법·기간
2주일간 냉장 보관 가능

용도

채소스틱이나 생선 튀김에 곁들여주세요.
맛이 깊고 진해서 고등어처럼 특유의 풍미가 있는 생선에도 잘 어울립니다.
(요네야마 다모쓰 / 포쓰라포쓰라)

삼치 덴가쿠 미소된장 구이

(나카야마 고조/시아와세산미)

껍질을 바삭하게 구워 고소한 맛을 살리기 위해 덴가쿠 미소된장은 생선살 부위에만 발라서 구웠다. 미소된장을 바른 다음에는 타지 않도록 살짝 익힌다는 느낌으로 굽는다.

재료 1인분

삼치(토막) 160g
덴가쿠 미소된장(p.138) 적당량
고추 1개
고춧가루 소량
샐러드유, 소금 각각 적당량

만드는 방법

1 삼치는 세 장 뜨기를 하여 160g으로 토막을 낸다. 소금을 약간 뿌리고 냉장고에 1시간 정도 소금간이 배도록 넣어둔다.

2 꼬챙이에 끼우서 굽는다. 거의 익었으면 솔로 생선살 쪽에 덴가쿠 미소된장을 바르고 표면을 살짝 굽는다.

미소된장이 부글부글 끓으면서 뜨거워지면 불을 끈다.

3 고추는 샐러드유를 바르고 소금을 뿌린 다음 가볍게 굽는다. 꼭지와 씨를 제거하고 먹기 좋은 크기로 자른다.

4 접시에 삼치를 담고 고춧가루를 뿌린다. 구운 고추를 곁들인다.

미소된장 발사믹 소스

깊은 감칠맛이 육류요리에 잘 어울린다.

일본과 이탈리아, 산지는 서로 다르지만 깊은
풍미를 가진 두 가지 발효 조미료를 섞어서 만든
육류요리에 잘 어울리는 소스. 일본주와 와인
어디에도 잘 맞는 요리가 완성된다.

재료

발사믹 식초 600㎖
긴잔지미소* 40g

* 긴잔지미소金寺味噌: 된장에 박, 가지, 생
강, 차조기 잎과 같은 채소를 박아 발효시
킨 것으로 조미료로 사용하지 않고 반찬이
나 술안주로 먹는다.

만드는 방법

1 발사믹 식초의 양이 반으로 줄 때까
지 끓인다.
2 1을 식힌 다음 긴잔지미소된장을 섞
는다.

보존방법·기간

1주일간 냉장 보관 가능

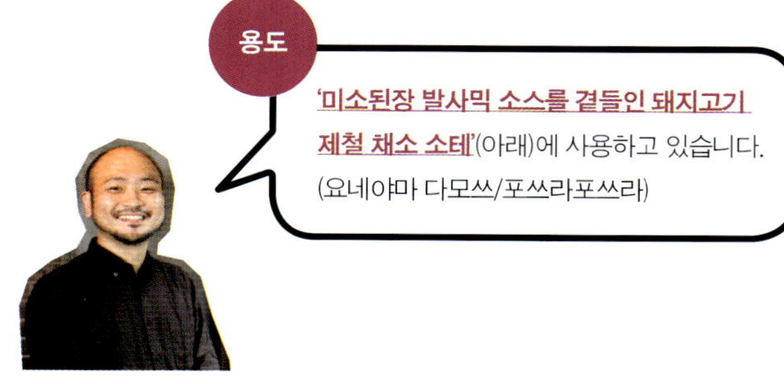

미소된장 발사믹 소스를 곁들인
돼지고기 제철 채소 소테

(요네야마 다모쓰/포쓰라포쓰라)

돼지고기와 제철 채소를 듬뿍 넣어 만든 심플한 소테. 다양한 감칠맛을
가진 미소된장 발사믹 식초 소스를 곁들이면 인상적인 일품요리가 된다.

재료 1인분

돼지 어깨살(3㎝ 크기의 주사위 모양,
길이 6㎝) 100g

A
표고버섯 1개
브로콜리 적당량
콜리플라워 적당량
빨간·노란 파프리카(1.5㎝ 두께로 자
른다) 각각 1개
모로코 인겐 1/2개
방울토마토 1개
단호박(1㎝ 두께로 자른다) 1개
오크라 1개
비터 멜론(1.5㎝ 크기로 통썰기하여
반으로 자른 것) 1개
하얀 가지(2㎝ 두께로 통 썰기 한
다.) 1개

미소된장 발사믹 소스(위) 3큰술
버터 5g
올리브 오일, 소금, 후추 각각 적당량

만드는 방법

1 돼지 어깨살은 굽기 직전에 소금과 후추를 뿌린다. 프라이팬에 올리브 오일을 두르고 달군 다음 돼지 어깨살과 **A**를 넣고 뒤집으면서 노릇노릇하게 굽는다. **A**는 구워지는 순서로 꺼낸다.

2 돼지고기는 노릇하게 구워졌으면 프라이팬에서 꺼내 따뜻한 곳에서 8분간 숙성시킨다.

3 **2**의 프라이팬에 미소된장 발사믹 식초를 넣고 냄비에 붙어있는 감칠맛을 나무주걱으로 떼어내어 녹이면서 걸쭉해질 때까지 끓인다. 버터를 넣고 유화시킨 다음 소스를 완성한다.

4 **1**과 **2**를 200℃의 오븐에 10분간 데운다.

5 고기를 한입 크기로 잘라 채소와 함께 접시에 담는다. **3**의 소스를 스푼으로 떠서 고기와 채소, 접시에 조금씩 뿌린다.

겨자 초 된장(적)

맛이 진한 요리에 어울리는 소스

미리 만들어둔 덴가쿠 미소된장(p.138)에 겨자와
식초를 넣어 농도를 연하게 하여 만든다. 맛이 깊고
감칠맛이 있기 때문에 기름기가 많거나 맛이 진한
겨울철 요리에 잘 어울린다.

재료
덴가쿠 미소된장(p.138) 2큰술
겨자 1작은술
쌀 식초 5㎖

만드는 방법
I 덴가쿠 미소된장에 겨자와 쌀 식초를
넣고 잘 섞는다.

보존방법·기간
겨자의 매운맛과 풍미가 날아가기 때문
에 필요한 만큼 만들어 모두 사용한다.

용도

겨자 초 된장(백)

담백한 맛의 식재료에 어울리는 소스

다마미소를 많이 만들어두고 필요할 때마다
식초와 겨자를 섞어서 만든다. 담백한 식재료에는
붉은 겨자 초 된장보다 더 잘 어울린다.

재료
다마미소(p.143)* 2큰술
겨자 1작은술
쌀 식초 5㎖

* 다마미소玉味噌: 흰 된장에 달걀노른자, 청
　주, 미림 등을 넣고 끓인 된장

만드는 방법
I 다마미소에 겨자와 쌀 식초를 넣고
섞는다.

보존방법·기간
겨자의 매운맛과 풍미가 날아가기 때문
에 필요한 분량만큼 만든다.

용도

미소된장 유앙지

어패류 구이용 미소된장 소스

구이용 어패류를 담가서 숙성시키는 미소된장 소스.
간이 배기 힘든 지방이 오른 생선을 담가둘 때는
소스의 맛을 진하게 하는 것이 아니라 담가두는
시간을 늘려서 간이 확실히 배도록 조절한다.

재료
시로미소(흰 된장) 100㎖
간장 80㎖
일본주 100㎖
미림 100㎖

만드는 방법
1. 모든 재료를 잘 섞는다.

보존방법·기간
필요할 때 만들어 모두 사용한다.

호두 미소된장

다마미소에 호두 페이스트를 넣은 구이용 소스

호두를 갈은 페이스트에 다마미소(조미된장)
를 섞은 구이용 미소된장 소스로 육류요리에
잘 어울린다. 여름부터 호두가 제철인 가을에
요리에 사용하면 편리하다.

재료
호두 페이스트

깐 호두 500g
알코올을 날린 일본주 600㎖

다마·미소

시로미소(흰 된장) 500g
일본주 180㎖
미림 140㎖
설탕 25g
달걀노른자 5개

만드는 방법
1. 호두 페이스트를 만든다. 깐 호두를 절구에 갈은 다음 알코올을 날린 일본주를 넣고 페이스트 상태로 만든다.
2. 다마미소를 만든다. 일본주와 미림을 냄비에 넣고 끓여서 알코올을 날린다. 여기에 시로미소, 설탕, 달걀노른자를 풀어서 넣은 다음 나무주걱으로 저으면서 10분간 약불에 끓인다.
3. 2의 다마미소를 만들었다면 냄비의 불을 끄지 말고 1의 호두 페이스트를 넣고 1분간 끓여서 완성한다.

보존방법·기간
겨자의 매운맛과 풍미가 날아가기 때문에 필요한 분량만큼 만든다.

토사즈 줄레

가다랑어포의 감칠맛과 쌀 식초의 산미를 더한 육수를 차가운 젤리로

육수(p.197) 1080㎖

A
쌀 식초 90㎖
간장 90㎖
미림 90㎖
가쓰오부시 한 꼬집

판 젤라틴 20g

1 육수를 끓여 **A**를 넣고 끓어오르기 직전에 불을 끈 다음 걸러준다. 물에 불린 판 젤라틴을 넣고 녹인다.
2 밀폐용기에 담아 얼음물에 넣고 식으면 냉장고에서 차갑게 굳힌다. 사용할 때는 적당히 으깨어 사용한다.

4~5일간 냉장 보존 가능

가쓰오부시(가다랑어) 육수에 가다랑어포를 더 넣어 감칠맛과 향을 강하게 한 다음 쌀 식초를 넣고 차가운 젤리 상태로 만들어 식재료와 잘 어우러지도록 했다. 폰즈 대신 사용할 수 있는 편리한 줄레.

용도

---

column

끓이는 기술

퐁과 같은 육수를 끓여서 만드는 소스

고기 육수 비네그레트
(p.20)

식초를 끓여서 만드는 소스

미소된장 발사믹 소스
(p.140)

알코올을 끓여서 만드는 소스

레드 와인 소스(p.169)

프랑스 요리에 절대 빠지지 않는 소스. 소스를 만드는 다양한 기술이 있지만 그중에서도 간단하고 편리한 '끓이는 기술'이 있다. 이 기술에 적합한 재료로는 퐁^{fond}이나 부용^{bouillon}과 같은 육수, 발사믹 식초와 같은 식초, 알코올이 있다. 모두 재료를 끓여줌으로써 감칠맛이 우러나와 소스로 만들어진다.

이 책에서 소개하는 육수를 끓여서 만든 소스는 '새우 육수 비네그레트'(p.18)와 '고기 육수 비네그레트'(p.20)이다. 두 가지 모두 끓인 육수와 비네그레트를 섞은 것으로 샐러드는 물론 육류와 생선에 모두 사용할 수 있다. 또 '바지락 버터'(p.58)는 감자와 바지락을 삶은 육수를 끓인 다음 섞어서 응용을 한 소스이다. 채소와 조개의 감칠맛이 어우러져 더 진한 맛이 난다.

식초를 끓여서 만든 소스로는 '미소된장 발사믹 소스'(p.140)와 화이트 와인 비네거와 베르무트로 만든 '베르무트 풍미의 버터 소스'(p.60)가 있다.

알코올을 사용한 소스 중에서 가장 간단하게 만들 수 있는 것은 '프랑부아즈 소스 / 카시스 소스'(p.172)이다. 리큐어를 끓여서 간단하게 만들 수 있지만 맛이 진한 소스이다. 또 향신료를 넣어 만든 '레드 와인 소스'(p.169)와 '그레이스 소흥주 소스'(p.172), 일본주에 조미료를 넣은 '천면장 소스'(p.146) 등이 있으며 향신료와 조미료만 바꾸어주면 다양하게 활용할 수 있다.

XO장

그냥 먹어도 맛있다

[재료]

말린 조개관자 500g

말린 새우 200g

일본주 적당량

A
| 어샬롯(잘게 다진다) 500g
| 마늘(잘게 다진다) 60g
| 든화햄(잘게 다진다) 30g

B
에비코* 10g
| 파프리카 파우더 30g

면실유 1.5ℓ

* 새우 알을 말린 것

[만드는 방법]

1 말린 조개관자와 말린 새우는 각각
일본주에 하루 정도 담가 불린 다음
말린 조개관자는 찜기에 1시간 정도
쪄서 풀어주고 말린 새우는 찜기에
15분간 찐 다음 다진다.

2 면실유를 150~160℃로 달구어 **A**를
넣는다. 섞으면서 재료의 수분이 날
아갈 때까지 가열한다.

3 **2**에 **1**을 넣고 섞으면서 수분이 날아
갈 때까지 가열한다.

4 **3**에 **B**를 넣고 섞으면서 가열한다. 수
분이 날아갔으면 불을 끄고 식힌다.

[보존방법·기간]

1개월간 냉장 보존 가능

그냥 먹어도 맛있는 XO장.
저온으로 천천히 가열하여
재료의 감칠맛이 부드럽게
살아있다. 고추를 사용하지
않았기 때문에 말린
조개관자와 말린 새우의
감칠맛을 깔끔하게 즐길 수
있다.

천면장 소스

천면장을 사용한 진하고 부드러운 소스

천면장春醬에 중국 간장과 일본주를 넣고 끓인 소스.
맛이 진하고 부드러워 맛이 진한 식재료나 튀김에
그 맛이 묻히지 않는다.

재료

천면장甜面醬 100g
알코올을 날린 일본주 200㎖
중국 간장(노추왕) 10g
그라뉴당 50g
참기름 20g

만드는 방법

| 냄비에 모든 재료를 넣고 걸쭉해질
때까지 끓인다.

보존방법·기간

1개월간 냉장 보존 가능

용도

돼지고기, 닭고기, 오리고기 등에 어울립니다.
구운 돼지고기(p.147)나 페킹덕 소스로
사용해도 좋습니다. 구운 가지를 이 소스에
버무린 다음 양상추에 싸서 먹어도 맛있습니다.
그 외에 주키니, 삶은 동아호박이나 호박에
녹말가루를 입혀서 튀긴 것과도 잘 맞습니다.
(니시오카 히데토시/렌게 에크리오시티)

홍고추 시즈닝 소스

동남아시아 간장에 생 홍고추를 넣은 조미료

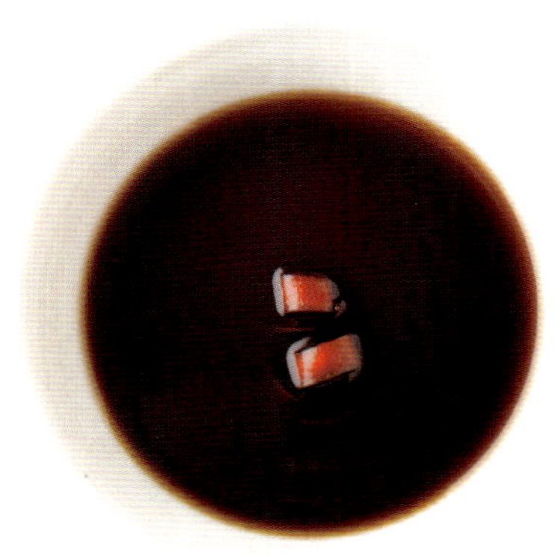

맛과 감칠맛이 진한 시즈닝 소스에 생 홍고추를
넣은 베트남 조미료. 식탁 위에 두고 맛을
보충하고 싶거나 바꾸고 싶을 때 취향대로
사용한다.

재료

시즈닝 소스 적당량
생 홍고추(둥글게 자른다) 적당량

만드는 방법

| 작은 접시에 시즈닝 소스를 담은 다음
홍고추를 넣는다. 홍고추의 양은 취향
에 맞게 조절한다.

보존방법·기간

필요할 때 만들어 모두 사용한다.

용도

베트남에서는 식탁 위에 두고 개인 접시에 각자
취향대로 시즈닝 소스와 홍고추를 넣은 다음 맛이
부족하거나 맛에 변화를 주고 싶을 때 사용합니다.
나베요리나 달걀말이, 찐 생선이나 고기를 찍어
먹는 소스로 사용해도 좋습니다. 간을 약하게
한 채소볶음 등에 곁들여 취향대로 먹을 수도
있습니다. (아다치 유미코/마이마이)

돼지고기 햄버거

(니시오카 히데토시/렌게 에크리오시티)

돼지고기 패티를 빵 사이에 끼워 햄버거로 만들었다.
천면장 소스와 씨엔딴 타르타르 소스를 곁들여 만든
새로운 감각의 햄버거

재료 1인분

돼지고기 구이(p.197) 50g
천면장소스(p.146) 15g
씨엔딴 타르타르 소스(p.32) 20g
햄버거용 빵 1개
양상추 1/2장
태즈메이니아 머스터드 1큰술
파채 적당량
전분물 적당량

만드는 방법

1 빵을 반으로 잘라 프라이팬에 앞뒤
　를 굽는다.

2 돼지고기 구이를 프라이팬에 노릇노
　릇하게 굽는다.

3 천면장 소스를 끓여 전분물을 넣고
　걸쭉하게 한다.

4 1의 아래쪽 빵에 태즈메이니아 머스
　터드를 바르고 양상추를 빵 크기로
　접어 올린다. 그 위에 2를 올리고 2
　에 3을 바른 다음 파채를 올린다.

5 위쪽 빵에 씨엔딴 타르타르 소스를
　바른 다음 4와 함께 접시에 담는다.

난루 소스

난루의 강한 풍미를 설탕으로 완화시켰다

난루南乳는 두부를 적미赤米 술지게미에 넣어 삭힌
중국의 발효식품이다. 푸루처럼 특유의 강한
풍미와 맛이 특징이다. 설탕을 넣어 거부감이 들 수
있는 맛을 완화시키고 특유의 풍미가 감칠맛으로
느껴지도록 했다.

재료

난루 230g
그라뉴당 60g

만드는 방법

| 볼에 재료를 넣고 그라뉴당이 녹을
때까지 핸드 블렌더로 섞는다.

보존방법·기간

1개월간 냉장 보존 가능

용도

푸루 딥

푸루에 크림 치즈를 넣어 특유의 풍미를 완화시켰다

푸루腐乳(삭힌두부) 특유의 풍미를 싫어하는
사람이 많지만 크림 치즈를 섞으면 그 맛이
완화된다. 냄새 안에 숨어있는 푸루의 감칠맛과
깊은 맛이 살아있는 딥

재료

푸루 200g
알코올을 날린 일본주 200㎖
크림 치즈 100g

만드는 방법

| 볼에 모든 재료를 넣고 핸드 블렌더로
부드럽게 섞는다.

보존방법·기간

2주일간 냉장 보존 가능

용도

난루 소스를 곁들인 양고기 로스트

(니시오카 히데토시/렌게 에크리오시티)

난루는 독특한 맛을 가진 식재료와 잘 어울리기 때문에 양고기와도 잘 맞는다. 여기서는 잘 구운 아주 어린 양고기의 소스로 사용했다. 양고기 특유의 향과 맛이 난루 특유의 풍미와 잘 어우러진다.

재료 1인분

어린 양고기 등뼈 3개
난루 소스(p.148) 45㎖
닭 육수(p.197) 45㎖
소금 적당량

만드는 방법

1 어린 양고기는 등뼈 세 개 가운데 하나를 고기에서 빼서 버린다.

2 1에 소금을 뿌리고 난루 소스에 버무린다. 프라이팬을 중불에 올리고 지방이 있는 부위를 아래로 하여 4~5분간 굽는다. 다시 뼈쪽을 아래로 하여 4~5분간 굽는다. 따뜻한 곳에 약 10분간 그대로 둔다.

3 프라이팬에 남은 소스에 닭 육수를 넣고 끓인다. 걸쭉해지면 접시에 붓고 2를 반으로 잘라 올린다.

느억 쩜 소스

베트남 소스라고 하면 느억 쩜

베트남에서 즐겨 먹는 소스로 찍어 먹거나 버무릴
때 사용한다. 이 레시피는 베트남 남부풍으로
조금 달게 만들었지만 베트남의 일반 가정이나
레스토랑 또는 곁들이는 요리에 따라 재료의
비율이 다르다.

재료

A
- 느억 맘 30㎖
- 마늘(잘게 다진다) 1/2쪽
- 라임(레몬)즙 30㎖
- 생 홍고추(잘게 다진다) 1/2개
- 그라뉴당 3큰술
- 뜨거운 물 90㎖

만드는 방법

1. 그라뉴당을 뜨거운 물에 녹인다.
2. 1과 **A**를 섞는다.

보존방법·기간

4~5일간 냉장 보존 가능

용도

베트남에서는 **춘권 튀김**이나 **삶은 돼지고기 채소 월남쌈**의
소스로 사용하는 등 다양한 요리에 이용합니다. 저희
마이마이에서는 **구운 가지를 이 소스로 버무려주거나
구운 고기와 채소로 만든 샐러드의 드레싱**으로 사용하지만
모든 샐러드에 사용할 수 있습니다. **채소 샐러드**나
돼지고기 샤브샤브에도 잘 어울립니다. 이번에 소개한
레시피는 베트남 남방스타일로 달게 만들었지만 재료의
비율은 취향대로 조절하면 됩니다. 또 라임이나 레몬은
종류에 따라 산미가 다르기 때문에 꼭 맛을 보면서 양을
조절해주세요. (아다치 유미코/마이마이)

춘권 튀김

(아다치 유미코/마이마이)

대중적인 베트남 요리 가운데 하나이다. 술안주로도 좋고
채소에 싸서 담백하게 먹는다. 돼지고기 베이스의 속 재료에
게의 감칠맛, 목이버섯과 당면의 식감을 더해주었다.

재료 20개분

속재료

- 다진 돼지고기 200g
- 게살 100g
- 당면(건조) 10g
- 목이버섯(말린 것) 4g
- 양파(잘게 다진다) 40g
- 마늘(잘게 다진다) 2쪽
- 달걀물 1/2개
- 설탕 1/2작은술
- 소금 1/4작은술
- 흑후추 2작은술

- 라이스페이퍼(직사각형) 20장
- 느억 쩜 소스(위) 적당량
- 상추(춘권 1개당) 1/2장
- 차조기 잎(춘권 1개당) 1장
- 고수 적당량
- 샐러드유 적당량

만드는 방법

1. 속재료를 만든다.
1. 당면과 목이버섯은 물에 불린다. 당
   면은 적당한 길이로 자르고 목이버섯
   은 잘게 다진다.
2. 볼에 1과 다른 속 재료를 넣고 잘 섞
   는다.
2. 라이스 페이퍼로 속 재료를 싼다.
1. 라이스페이퍼를 도마 위에 올리고 손
   으로 물을 바른다.
2. 1을 세로로 길게 반으로 접어 앞쪽에
   속 재료 20g을 올린다.

<u>3</u> 앞쪽부터 한 번 말아 라이스페이퍼의
좌우 양끝을 안쪽으로 접는다.

<u>4</u> 끝까지 말아서 마지막에 물로 붙
인다.

3 2를 튀긴다.

<u>1</u> 냄비에 붙인 부분을 아래로 향하도록
2를 넣은 다음 샐러드유를 춘권의 높
이 2/3까지 붓고 가열한다.

<u>2</u> 온도가 160~170℃가 되면 약불로 줄
이고 온도를 유지하면서 튀긴다. 바
닥이 노릇하게 튀겨졌으면 반대편을

튀긴다.

<u>4</u> 냄비에서 **3**을 꺼내 상추, 차조기 잎,
고수와 함께 접시에 담는다. 느억 쩜
소스를 작은 접시에 담아 곁들인다.
상추에 춘권 튀김, 차조기 잎, 고수
를 싸서 느억 쩜 소스에 찍어 먹는다.

생강 느억 쩜 소스

산뜻한 느억 쩜 소스

베트남에서 즐겨 먹는 느억 쩜 소스의 마늘
대신에 생강을 넣어 변화를 주었다. 산미,
매운맛, 단맛, 짠맛, 감칠맛의 밸런스가 좋은
느억 쩜 소스에 생강의 산뜻함을 더했다.

재료

A
느억 맘 15㎖
생강(잘게 다진다) 2큰술
라임(레몬)즙 15㎖
생 홍고추(잘게 다진다) 적당량
그라뉴당 1.5큰술
뜨거운 물 45㎖

만드는 방법

1 그라뉴당을 뜨거운 물에 녹인다.
2 1과 **A**를 섞는다.

보존방법·기간

3~4일간 냉장 보존 가능

용도

산뜻한 맛으로 다양한 요리에 사용할 수 있습니다.
도미와 같은 흰살생선이나 청새치 튀김 위에 뿌려서 먹는
방법을 특히 추천합니다. 의외로 **모즈쿠(큰실말), 미역,
미역귀**와 같은 해초류와도 잘 어울려서 그 위에 뿌려주면
동남아시아풍의 초무침이 됩니다. **새우 튀김과 같은 튀김**을
찍어 먹는 소스로 사용해도 좋습니다.
(아다치 유미코/마이마이)

스위트 칠리 느억 쩜 소스

간단하게 만들 수 있는 스위트 칠리

느억 쩜 소스(p.150)에 홍고추와 그라뉴당을
넣은 소스, 시중에서 파는 스위트 칠리 소스
맛을 간단하게 만들 수 있다.

재료

느억 쩜 소스(p.150) 30㎖
생 홍고추(잘게 다진다) 1개
그라뉴당 2작은술

만드는 방법

1 모든 재료를 넣고 그라뉴당이 녹을 때
까지 섞는다.

보존방법·기간

필요할 때 만들어 모두 사용한다.

용도

태국의 '**얌운센**(당면 샐러드)'이나 '**까이 얌**(소스를 발라
구운 닭꼬치)'의 소스 등으로 사용하거나 스위트 칠리 소스
대신에 사용할 수 있습니다. **튀김**을 찍어 먹는 소스로도
좋습니다. **오징어**를 비롯해서 **어패류, 육류, 채소** 어떤
튀김에도 어울립니다. 또 **데치거나 구운 오징어나 새우,
닭 튀김**을 찍어 먹는 소스로 사용해도 좋습니다.
(아다치 유미코/마이마이)

흑초 소스

기름진 요리를 산뜻하게 먹을 수 있는 소스

단맛을 살려 부드럽게 만든 흑초 소스.
튀김이나 기름이 많은 식재료를 산뜻하게
먹을 수 있다.

재료

| 흑초 100g
A 참기름 30㎖
| 그라뉴당 70g
일본주 300g
전분물 적당량

만드는 방법

1 냄비에 일본주를 넣고 끓이면서 알
   코올을 날린다.
2 A를 넣고 그라뉴당이 녹을 때까지
   섞으면서 끓인다.
3 전분물을 넣어 걸쭉하게 만든다.

보존방법·기간

2주일간 냉장 보존 가능

용도

군만두, 닭이나 생선 튀김에 잘 어울립니다.
탕수육 소스로도 활용할 수 있고 구운
돼지고기를 버무려주어도 맛있습니다.
(니시오카 히데토시/렌게 에크리오시티)

사테 소스

레몬그라스 향이 나는 매운 향미료

베트남의 향미료. 레몬그라스, 마늘, 홍고추를
기름에 볶아서 만든다. 산뜻한 향과 매운맛이
특징이다.

재료

| 레몬그라스(잘게 다진다) 2큰술
A 마늘(잘게 다진다) 2큰술
생 홍고추(잘게 다진다) 4~6개
샐러드유 90㎖

만드는 방법

1 프라이팬에 샐러드유를 두르고 A를
   볶는다.
2 향이 나고 A가 노릇하게 되었으면 홍
   고추를 넣고 불을 끈다.

보존방법·기간

1~2일간 냉장 보존 가능

용도

푸루(삭힌 두부)로 만든 소스에 섞어 나베요리의 소스로
사용하거나 수프나 국수에 뿌려 매운맛과 향을 더할 때
사용합니다. 또 볶음요리를 할 때 조미료로 사용해도
좋습니다. (아다치 유미코/마이마이)

사천 소스

두 가지 두반장을 넣어 깊이가 느껴지는 매운맛

중국 사천성의 향이 강하고 단맛도 있는 고추에 두 가지 두반장을 섞은 매운 소스. 매운맛뿐만 아니라 다양한 맛을 즐길 수 있는 것이 특징이다.

재료

A
- 피현 두반장*1 50g
- 두반장 50g
- 홍고추(파우더)*2 50g

면실유 360㎖
중국 간장(생추왕) 30㎖

*1 두반장의 본고장인 중국 사천성의 피현에서 만든 두반장
*2 중국 사천성의 매운맛이 강한 홍고추

만드는 방법

1 볼에 **A**를 넣고 200℃로 달군 면실유를 넣어 거품기로 잘 섞는다.
2 **1**에 중국 간장을 넣는다.

보존방법·기간

2주일간 냉장 보존 가능

용도

'**요다레 닭고기**'(아래)의 소스로 사용합니다. 간장, 식초, 마늘을 첨가하면 '**윈바이러우**蒜白肉(삶은 돼지고기에 매운 소스를 뿌린 중국 요리)'의 소스로도 사용할 수 있고 **데친 어패류**에 곁들여도 좋습니다. 간장이나 마요네즈를 섞으면 색다른 소스가 됩니다. (니시오카 히데토시/렌게 에크리오시티)

요다레 닭고기

(니시오카 히데토시/렌게 에크리오시티)

사천성의 차가운 전채 요리로 '침(요다레)이 고일 정도로 맛있다.'라고 하여 이런 이름이 붙여졌다고 한다. 고추와 두 가지 두반장으로 만든 매운 소스와 스팀 컨벡션 오븐에 찐 닭고기가 잘 어울린다.

재료 만들기 편한 분량

닭 가슴살 2장
사천 소스(위) 1인당 40g
오이(채썰기 한다) 적당량
실파(송송 썬다) 적당량
소흥주 적당량

A
- 화쟈오(산초나무 열매) 적당량
- 파 적당량
- 생강 적당량
- 물 1ℓ

B
- 소흥주 50㎖
- 소금 3g

소금 적당량

만드는 방법

1 닭 가슴살은 껍질과 힘줄을 제거한 다음 소금을 뿌려서 30분간 둔다. 껍질과 힘줄은 따로 둔다.
2 닭 가슴살의 수분을 닦은 다음 바트에 올리고 소흥주를 뿌린다. **A**를 올리고 70℃로 예열한 스팀 컨벡션 오븐으로 7분간 가열한 다음 뒤집어서 다시 7분간 가열한다.
3 냄비에 **1**에서 제거한 껍질과 힘줄, **B**를 넣고 끓이면서 거품을 제거한다.
4 **3**이 뜨거울 때 **2**를 넣는다. 식으면 냉장고에서 차갑게 한다.
5 **4**의 닭 가슴살을 두께 5mm로 자른다. 접시에 오이와 닭 가슴살을 올리고 사천 소스를 뿌린 다음 실파를 뿌린다.

볶음면 소스

팟타이의 맛을 간단하게 낼 수 있다

조미료만 섞어서 간단하게 만들 수 있다.
면 요리뿐만 아니라 볶음요리에 사용해도
좋다. 조금 달콤한 소스이다.

재료
굴 소스 60㎖
핫 칠리 소스* 20㎖
그라뉴당 2작은술
시즈닝 소스(또는 연한 간장) 5㎖

* 홍고추, 마늘, 양파 등으로 만드는 동남아
시아의 매운 소스. 태국이나 베트남 식재료
를 파는 곳에서 구입할 수 있다.

만드는 방법
┃ 모든 재료를 넣고 그라뉴당이 녹을
때까지 섞는다.

보존방법·기간
2~3일간 냉장 보존 가능

용도

간단하게 만드는 팟타이

(아다치 유미코/마이마이)

팟타이는 태국 요리 중에서도 인기 메뉴로 채소나 새우 등이
들어간 쌀국수 볶음면이다. 사용하는 소스를 미리 만들어두면
일정한 맛을 낼 수 있다.

재료 2인분

태국 쌀국수* 100g
볶음면 소스(위) 3큰술
달걀물 1개분
껍질을 벗긴 새우(대) 10마리
양파(1~2㎝크기로 채썰기 한다) 1/6개
숙주나물 60g
부추(3~4㎝ 길이로 자른다) 50g
토마토(적당한 크기로 지른다) 1/4개

마늘(잘게 다진다) 1작은술
물 50㎖
흑후추 적당량
샐러드유 15㎖+15㎖

* 태국 쌀국수가 없으면 우동이나 야키소바
면을 사용해도 괜찮다. 쌀국수는 볶으면 프
라이팬에 눌러 붙기 때문에 다른 면이 볶기
에는 편하다.

1 쌀국수를 미지근한 물(분량 외)에 10~20분간 담가둔다.

2 프라이팬에 샐러드유를 15㎖ 두르고 달군다. 연기가 날 정도로 뜨거워졌으면 달걀물을 부어 부드러운 스크램블 상태로 만든 다음 일단 다른 접시에 옮겨 담는다.

3 2의 프라이팬에 샐러드유 15㎖를 넣고 마늘을 볶는다. 향이 나면 껍질을 벗긴 새우를 넣는다.

4 새우 표면의 색이 변하면 양파를 넣고 **1**의 쌀국수와 물을 넣은 다음 섞는다.

5 **4**에 숙주나물과 부추를 넣은 다음 볶음면 소스로 골고루 섞는다.

6 **5**의 수분이 없어지면 **2**의 달걀 스크램블과 토마토를 넣어 함께 볶는다. 접시에 담아 흑후추를 뿌린다.

느억 맘 소스

닭을 튀겨서 살짝 버무린다.

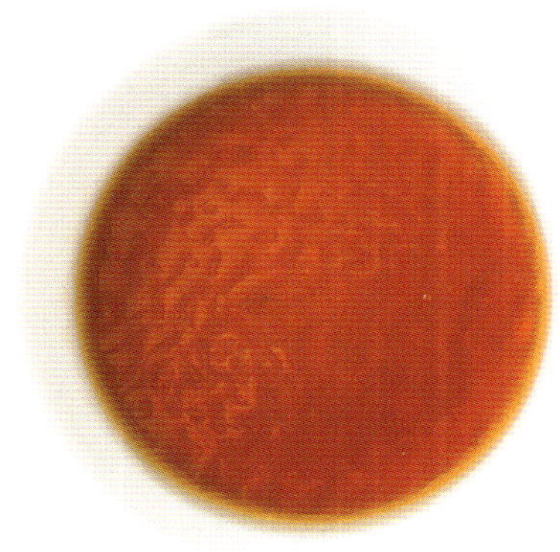

재료

느억 맘 90㎖
시즈닝 소스 45㎖
참기름 30㎖
그라뉴당 4큰술

만드는 방법

1. 모든 재료를 넣고 그라뉴당이 녹을 때까지 섞는다.

보존방법·기간

1주일간 냉장 보존 가능

용도

<u>닭 날개</u>나 <u>닭 다리살을 튀겨서</u> 이 소스에 살짝 버무려줍니다. 베트남에서는 닭 튀김에만 사용하지만 <u>흰살생선이나 작은 생선, 돼지고기에 녹말가루를 입혀서 바삭하게 튀긴 다음 버무려주어도</u> 맛있습니다. (아다치 유미코/마이마이)

닭고기를 튀겨서 느억 맘^{Nuoc Mam} 베이스의 이 소스로 살짝 버무려준 베트남에서 즐겨 먹는 반찬 겸 술안주가 있다. 닭고기 이외의 튀김에도 사용할 수 있다.

느억 맘 소스 닭 날개 튀김

(아다치 유미코/마이마이)

닭 날개를 바삭바삭하게 튀겨 달콤새콤한 느억 맘 소스에 버무렸다. 베트남에서 즐겨 먹는 반찬이자 술안주이다.

만드는 방법

1. 닭 날개(3개)는 빨리 익을 수 있게 안쪽의 뼈와 뼈 사이에 칼집을 넣어준다.
2. 170℃로 달군 기름에 수분을 닦은 **1**을 넣고 15~20분간 바삭하게 튀긴다.
3. 볼에 느억 맘 소스를 넣는다. **2**의 기름을 제거하고 방금 튀긴 닭 날개를 볼에 넣고 살짝 버무린다.
4. **3**을 접시에 담고 먹기 편하게 자른 토마토, 오이, 고수를 곁들인다.

화쟈오 소금

화쟈오의 향을 은은하게 살렸다

화쟈오花椒(산초나무 열매)를 미네랄이 풍부하고
감칠맛이 강한 소금과 섞은 찍어 먹는 소금. 화쟈오는
향이 강해서 다른 식재료의 맛이 잘 느껴지지 않기
때문에 호일에 싸서 가열한 것을 사용하여 화쟈오의
향을 은은하게 살렸다.

재료
화쟈오 적당량
소금(프랑스 브루타뉴의 해염) 적당량

만드는 방법
1. 화쟈오는 알루미늄 호일에 싸서 프라이팬에 가열한 다음 푸드 프로세서에 넣고 갈아준다.
2. 소금은 프라이팬에 볶아 수분을 날린 다음 푸드 프로세서에 넣고 갈아서 채에 거른다. 한 번 더 프라이팬에 볶는다.
3. **1**의 화쟈오와 **2**의 소금을 1:5 비율로 섞는다.

보존방법·기간
상온에서 1년간 보존 가능

용도

튀김, 베네, 프라이, 돈가스 같은 튀김옷을 입혀서 튀긴 요리에는 어디에도 어울립니다. 새우나 생선을 비롯하여 **육류나 채소** 어떤 식재료와도 잘 맞습니다. (니시오카 히데토시/렌게 에크리오시티)

무오이 띠에우 짠

소금과 후추에 라임즙을 넣어 만든다.

소금과 후추에 감귤류를 직접 짜서 넣어 만드는
베트남 소스. 소금과 후추의 비율은 취향에
따라 조절한다. 레몬보다는 라임이 베트남에서
사용하는 감귤류에 가깝기 때문에 라임을
사용하길 권한다.

재료 1인분
소금 1/2작은술
흑후추 1/4작은술
라임(없으면 레몬) 1/16개

만드는 방법
1. 소금과 흑후추를 섞은 다음 작은 접시에 담아 라임을 곁들여 제공한다. 먹을 때마다 라임을 소금과 흑후추에 뿌려서 섞는다. 소금과 흑후추의 비율은 취향에 따라 조절한다.

보존방법·기간
필요할 때마다 만들어 모두 사용한다.

용도

찌거나 데쳐서 담백하게 조리한 **어패류**나 **육류** 또는 **튀김**에 잘 어울립니다. **바지락**이나 **대합**과 같은 **조개**나 **닭을 쪄서** 곁들여도 어울리고 **생선 튀김, 삶은 고기**나 **생선**을 찍어먹어도 좋습니다. **고기를 구워서** 찍어 먹는 것도 추천합니다. (아다치 유미코/마이마이)

삶은 달걀 소스

채소에 잘 어울리는 반숙 달걀 소스

베트남에는 느억 맘에 삶은 달걀을 그대로
넣어서 손님에게 제공하면 손님의 취향대로
달걀을 으깨어 만드는 소스가 있다. 삶은 달걀과
느억 맘, 설탕을 섞어 소스로 만들었다.

재료

삶은 달걀(반숙) 3개
A
| 느억 맘 15㎖
| 그라뉴당 1/2큰술
| 흑후추 소량

만드는 방법

1 삶은 달걀의 껍질을 벗기고 달걀흰
  자와 노른자를 분리한다.
2 작게 다진 달걀흰자와 달걀노른자를
  A와 섞는다.

보존방법·기간

만든 그날 모두 사용한다.

용도

느억 맘 대신에 시즈닝 소스를 사용하는 경우도
있습니다. 베트남에서는 **데친 양배추**에 곁들이는
소스지만 **푸른 잎채소(소송채, 청경채, 시금치)나
녹색 채소(브로콜리, 오크라, 꼬투리채 먹는 완두콩과
강낭콩 등)**를 데쳐서 곁들여도 잘 어울립니다.
토스트나 **방금 지은 밥** 위에 올려 먹어도 맛있습니다.
(아다치 유미코/마이마이)

삶은 달걀 소스를 곁들인 데친 채소

(아다치 유미코/마이마이)

반숙 달걀과 느억 맘으로 만든 소스를 데친 녹색 채소에
뿌려주었다. 베트남에서는 양배추에만 사용하는 소스지만
녹색 채소와도 잘 어울린다.

만드는 방법

1 꼬투리 채 먹는 완두콩은 심줄을 제
  거한다. 브로콜리는 작은 송이로 자
  른다. 양배추는 먹기 좋은 크기로 자
  른다.
2 소금물에 **1**을 살짝 데친다.
3 **2**를 접시에 담고 삶은 달걀 소스를
  뿌린다.

깨 크림 소스

용도에 맞게 육수로 농도를 조절한다.

재료

흰깨 페이스트 100g
간장 15㎖
설탕 2큰술
육수(p.197, 차게 한 것) 30㎖

만드는 방법

1 모든 재료를 넣고 섞는다.

보존방법·기간

7일~10일간 냉장 보존 가능

용도에 맞게 육수를 넣어 농도를 조절하여 사용하는
깨 크림 소스. 진하게 만들어두고 필요에 따라
농도를 조절한다. 사용할 수 있는 범위가 넓은
소스이다.

용도

소금과 간장으로 간을 한 육수로 삶은
무화과에 뿌려주면 좋습니다. 또 **데친
아스파라거스**에 곁들여도 좋습니다.
곁들이는 식재료에 따라 설탕과 육수의
분량은 조절해주세요.
(나카야마 고조/시아와세산미)

검은깨 간장 소스

검은깨를 듬뿍 넣은 회를 찍어 먹는 소스

다양한 어패류에 어울리는 회를 찍어 먹는
만능 소스. 찍어 먹는 소스뿐만 아니라 위에
뿌려서 사용할 수도 있다.

재료

갈은 검은깨 100㎖
간장 200㎖
겨자 1작은술

만드는 방법

Ⅰ 모든 재료를 섞는다.

보존방법·기간

2주일간 냉장 보존 가능

용도

매운 깨 소스

두 가지 두반장으로 맛의 깊이를, 두 종류 식초로 산뜻함을 더한 깨 소스

매운맛, 산미, 깨의 풍미가 좋은 조화를 이루는
깨 소스. 볶은 깨를 사용하면 향이 좋지만
취향에 따라 깨 페이스트를 넣어 부드러운
소스로 만들어도 좋다.

재료

피현 두반장* 20g
두반장 30g
볶은 흰깨(또는 흰깨페이스트) 50g
쌀 식초 25g
쉐리 와인 비네거 25g
참기름 25g

* 두반장의 본고장인 중국 사천성의 피현에
　서 만든 두반장

만드는 방법

Ⅰ 모든 재료를 푸드 프로세서에 넣고
　돌린다.

보존방법·기간

2주일간 냉장 보존 가능

용도

검은깨 간장 소스를 곁들인 꼬치고기 봉초밥

(나카야마 고조/시아와세산미)

지방이 오른 꼬치고기는 껍질이 맛이 좋기 때문에 껍질을 벗기지 않고 겉만 살짝 구워서 봉초밥으로 만든 다음 검은깨 간장 소스를 곁들였다. 여기에 염장 다시마에 버무린 쓰케모노 (일본식 채소절임)를 함께 담았다.

재료 2인분

꼬치고기 1/4마리
소금, 쌀 식초 각각 적당량
초밥용 밥*1 100g
검은깨 간장 소스(p.162) 2작은술
가쿠야와에*2 적당량

*1 밥(쌀 3홉)을 지어 초밥초(쌀의 1/10 분량
 / 만드는 방법: 쌀식초 700㎖, 설탕 200g
 소금 130g을 섞는다)와 섞는다.

*2 단무지(100g), 나라즈케(50g, 술지게미로
 만든 장아찌), 양하 절임(3개), 일본식 오
 이장아찌(1개)를 얇게 잘라서 염장 다시
 마(5g)로 버무린다.

만드는 방법

1 꼬치고기는 세 장 뜨기를 하여 뼈를 바르고 소금을 뿌린다. 30분간 냉장실에 넣어 소금간이 배도록 한다.

2 1을 식초물에 씻은 다음 쌀 식초에 15분간 담가둔다. 물기를 제거하고 껍질에 칼집을 넣어 토치로 표면을 살짝 굽는다.

3 김발에 랩을 깔고 껍질이 아래로 가도록 꼬치고기를 깐다. 초밥용 밥을 봉 모양으로 올린 다음 꼬치고기와 초밥용 밥을 말아준다.

4 한입 크기로 자른 다음 랩을 벗기고 접시에 담는다.

5 꼬치고기 위에 검은깨 간장 소스를 뿌리고 가쿠야와에를 곁들인다.

살사 디 노치(호두 소스)

호두의 강한 풍미

호두의 향과 맛을 풍부하게 느낄 수 있는
부드러운 페이스트. 우유나 치즈를 넣어 진한
맛을 내고 마늘을 넣어 견과류 특유의 묵직한
맛을 건강한 맛으로 바꾸어 주었다.

재료

호두 250g
잣 30g

A
그라나 파다노 치즈***** 40g
우유 250g
빵가루 40g
마늘 1쪽
올리브 오일 100g

***** 이탈리아 롬바르디아 주의 하드 치즈

만드는 방법

1 호두와 잣은 170℃로 예열한 오븐에
10~15분간 굽는다.
2 푸드 프로세서에 **1**과 **A**를 넣고 부드
러워질 때까지 돌린다.

보존방법·기간

3일간 냉장 보존 가능하고 진공팩에 넣
어 냉동하면 15일간 보존 가능

용도

북이탈리아의 리구리아 주에서는 '판소티(이탈리아식
만두)'라고 하는 푸른 잎채소를 넣은 라비올리(아래)
에 섞어 파스타 소스로 사용합니다. 빵에 올려 먹어도
맛있고 고르곤졸라 샌드위치의 소스로 사용해도
좋습니다. (유아사 잇세이/비오디나미코)

판소티 알라 살사 디 노치

(유아사 잇세이/비오디나미코)

푸른 잎채소와 리코타 치즈를 넣은 작은 라비올리를 호두의 풍미가
풍부한 소스로 버무린 이탈리아 리구리아 지방의 요리. 푸른 잎채소의
아린맛과 견과류의 단맛을 치즈의 부드러운 맛으로 완화시켜주었다.

재료

판소티 / 10인분

반죽
박력분 300g
달걀물 3개분
소금 한 꼬집

속재료
무청(잘게 다진다) 500g
리코타 치즈 125g
파르미지아노 레지아노(갈은 것) 50g
빵가루 50g
마늘 기름***** 적당량

살사 디 노치(위) / 1인분 30g
브로드(p.198) 적당량
파르미지아노 레지아노(갈은 것),
흑후추, 소금 각각 적당량

***** 마늘 기름 만드는 방법: 마늘(10쪽)은 가볍
게 으깨어 올리브 오일(300g), 씨를 뺀 홍
고추(1개, 이탈리아 칼라브리아의 매운맛
이 강한 고추)와 함께 냄비에 넣는다. 약불
에 마늘이 노릇노릇하게 될 때까지 볶아,
식힌 다음 위의 기름만 사용한다.

만드는 방법

1 판소티 반죽을 한다.

① 강력분에 소금을 넣고 달걀물을 조
금씩 부으면서 반죽을 한다. 랩에 싸
서 냉장고에서 하룻밤 숙성시킨다.

② ①의 반죽을 두께 2㎜로 밀어 3.5㎝의
정사각형 모양으로 자른다.

2 판소티 속 재료를 만든다.

① 마늘 기름을 두르고 무청을 볶아 식
혀둔다.

② ①에 리코타 치즈, 파르미지아노 레지
아노, 빵가루를 넣어 섞는다.

3 정사각형으로 자른 반죽 가운데에
속 재료를 조금 올린다. 대각선으로
반을 접은 다음 끝을 손으로 눌러 만
두 모양으로 빚는다.

4 냄비에 살사 디치노, 브로드, 소량의
물(분량 외)을 넣고 끓인다.

5 소금물에 **3**을 3~4분간 삶는다.

6 **4**의 냄비에 삶은 **5**를 넣고 소스에 버
무린다. 소금으로 간을 한 다음 접시
에 담는다. 파르미지아노 레지아노
와 흑후추를 뿌려 마무리한다.

호두 소스

뿌려도 좋고 버무려도 좋은 호두가 듬뿍 들어간 소스

뿌려주어도 버무려주어도 좋다. 갈은 호두를
넣은 것이 특징이고 하얗게 버무려줄 때
이용할 수 있다.

재료

깐 호두알 200g
알코올을 날린 일본주(청주) 80㎖
설탕 2큰술
간장 30㎖

만드는 방법

1 껍질을 깐 호두를 절구에 넣고 곱게
갈아준다.
2 알코올을 날린 일본주를 넣고 더 갈
아준 다음 거른다.
3 설탕과 간장을 넣고 섞어서 간을 한다.

보존방법·기간

1주일간 냉장 보존 가능

용도

'**호두 소스를 곁들인 구운 가지 니코고리**'(p.167)
에 사용합니다. **간을 약하게 하여 삶거나 데친
호박이나 닭고기**에 뿌려주어도 좋습니다. 육수로
농도를 연하게 하면 **메밀국수 소스**로 사용해도
어울립니다. (나카야마 고조/시아와세산미)

땅콩 미소된장 소스

땅콩을 넣은 달콤한 미소된장 소스

베트남에서는 월남쌈에 달콤한 된장 소스를
곁들입니다. 그 소스를 땅콩 페이스트와
아카미소(붉은 된장)로 재현했다. 땅콩과 깨의
깊은 맛이 더해진 조금 단 미소된장 소스이다.

재료

A
땅콩 페이스트(가당) 5큰술
아카미소(붉은 된장) 3큰술
그라뉴당 1작은술
볶은 흰깨 1작은술
뜨거운 물 90㎖

갈은 흰깨 2큰술
땅콩(굵게 다진 것) 2큰술

만드는 방법

1 볼에 **A**를 넣고 잘 섞는다.
2 먹기 전에 **1**을 접시에 담고 갈은 흰
깨와 땅콩을 뿌린다.

보존방법·기간

2~3일간 냉장 보존 가능

용도

일본에서는 **월남쌈**을 느억 쬠(p.150)이나 스위트 칠리
소스를 곁들여 먹는 경우가 많지만 베트남에서는 단맛이
나는 된장 소스를 곁들입니다. 이 레시피에서는 일본에서
구입할 수 있는 재료로 그 맛을 재현했습니다. 꼭 한번
월남쌈의 소스로 사용해보세요. **작은 크기로 잘라서
바삭하게 튀긴 두부**나 **데친 푸른 잎채소**에도 잘 어울립니다.
(아다치 유미코/마이마이)

호두 소스를 곁들인
구운 가지 니코고리*

(나카야마 고조/시아와세산미)

여름부터 가을이 제철인 가지와 햇호두로 만든 차가운 전채 요리. 껍질을 확실히 태운 가지의 고소한 맛과 호두의 깊은 맛이 잘 어울린다.

* 생선의 젤라틴을 끓이다가 묵처럼 굳힌 요리.

재료 레스토랑 시아와세산미에서 만드는 양

가지 12개
호두 소스(p.166) 1큰술
육수
　육수(p.197) 960㎖
　간장 60㎖
　미림 60㎖
판 젤라틴 60g
청유자 껍질 소량

만드는 방법

1　가지는 껍질을 벗기지 않고 석쇠에 올려 약불에 굽는다.

2　전체적으르 검게 탔으면 얼음물에 담가 껍질을 벗긴다.

3　육수의 재료를 넣고 끓인 다음 **2**의 가지를 넣고 살짝 끓인다. 가지를 육수에 담근 채로 식혀서 간이 배도록 한다.

4　식으면 가지를 육수에서 꺼내 가볍게 짠 다음 3등분하여 18㎝ 틀에 3단으로 채운다.

5　**4**의 육수 1ℓ를 끓여 물에 불린 판 젤라틴을 녹여 **4**의 틀에 붓고 차갑게 굳힌다.

6　사각형으로 잘라 호두 소스를 뿌린 다음 청유자 껍질을 갈아서 올린다.

피스타치오 페이스트

피스타치오의 진한 맛을 확실히 살린 페이스트

피스타치오의 향과 맛을 확실히 즐길 수 있는
페이스트. 재료와 도구를 미리 냉장고에서
차갑게 하여 갈아줄 때 생기는 열로
피스타치오의 색과 향이 변하는 것을 방지한다.

재료

피스타치오 100g
페코리노 로마노(갈은 것) 15g
E.V.올리브 오일 70g

만드는 방법

1 피스타치오는 180℃로 예열한 오븐
에 약 15분간 굽는다.
2 푸드 프로세서에 모든 재료를 넣고
냉장고에 넣어 차갑게 한다. 완전
히 차가워졌으면 꺼내서 곱게 갈아
준다.

보존방법·기간

3~4일간 냉장 보존 가능

용도

제가 일하던 나폴리의 '타베르나 에스띠아'에서 배운
레시피입니다. 포인트로 사용하는 페이스트이기
때문에 조금만 넣어도 파스타치오의 향과 맛을
강하게 느낄 수 있습니다. **잘 구운 참치나 타임 허브와
함께 구운 토끼고기** 등에 잘 어울립니다.
(오카노 유타/일 테아트리노 다 살로네)

고수 피스타치오 소스

제노베제 소스의 변형

제노베제 소스의 바질을 고수로, 잣을 피스타치오로
바꾸어 변화를 주었다. 고수의 향과 피스타치오의
고소함이 입안 가득 퍼진다. 고수와 잘 어울리는
생선장으로 간을 하였다.

재료

고수(잘게 다진다) 120g
피스타치오 60g
마늘(다진다) 6g
쉐리 와인 비네거 30g
코라토우라* 적당량
E.V.올리브 오일 120g

* 이탈리아의 생선장. 코라토우라 대신 태국
의 넘플라나 베트남의 느억 맘을 사용할 수
도 있다.

만드는 방법

1 푸드 프로세서에 모든 재료를 넣고 부
드러워질 때까지 돌린다.

보존방법·기간

일반적으로 생 허브를 넣은 소스는 오래
보존하기 힘들지만 이 소스는 오일이 많
이 들어가 비교적 색이 변하지 않기 때
문에 1주일간 냉장 보존 가능

용도

여름에 어울리는 소스이기 때문에 **구운 여름
채소**(토마토, 가지, 주키니, 피망, 파프리카 등)에
뿌려주거나 버무릴 때 사용하면 좋습니다. **냉파스타,
소면, 얇은 우동면**을 버무려주어도 어울립니다.
(니시오카 히데토시/렌게 에크리오시티)

레드 와인 소스

팔각과 진피의 향이 나는 조금 단 소스

레드 와인에 팔각의 달콤한 향과 진피의 상큼한 향을
더한 조금 달콤한 소스

재료

레드 와인 200g

A
| 중국의 연한 간장(생추왕) 30g
| 꿀 50g
| 팔각 3쪽*
| 진피 1g

* 붓순나무과에 속하는 팔각의 8쪽의 열매
가운데 3쪽 사용

만드는 방법

1 냄비에 레드 와인을 넣고 끓여 알코
올이 날아가면 **A**를 넣는다. 약불에
15분간 끓인다.

보존방법·기간

1개월간 냉장 보존 가능

용도

정어리 간 레드 와인 소스

레드 와인이 정어리의 독특한 맛을 살려준다

정어리의 머리, 뼈, 내장 4마리분
레드 와인 100㎖
물 300㎖
볶은 양파(p.120) 15g
퐁드보 육수(p.198) 30㎖
샐러드유, 소금 각각 적당량

만드는 방법

1 냄비에 샐러드유를 두르고 정어리
  의 머리와 뼈를 으깨면서 5분 정도

볶는다. 수분이 날아가 고소한 향이
나고 정어리 머리가 완전히 으깨어
졌으면 정어리의 내장과 레드 와인
을 넣는다.

2 1이 한번 끓어오르면 물과 볶은 양파
  를 넣고 40분 정도 끓인 다음 퐁드보
  육수를 넣고 섞는다.

3 믹서에 2를 넣고 곱게 갈아준 다음
  거른다. 소금으로 간을 한다.

보존방법·기간

2~3일간 냉장 보존 가능

레드 와인에 정어리의 머리와 간을 넣고 끓여서
만드는 소스. 레드 와인의 떫은맛과 감칠맛이
정어리의 독특한 맛을 중화시켜 감칠맛으로
바꾸어준다. 정어리를 사용한 요리에 곁들이면
정어리 한 마리를 전부 먹는 효과가 있다.

'정어리 간 레드 와인 소스를 곁들인 정어리 매실 룰로와 우엉 갈레트'(아래)에 사용하는 소스입니다. 꽁치가 제철일 때는 정어리 대신 **꽁치**를 사용합니다.
(곤노 마코토/오르간)

정어리 간 레드 와인 소스를 곁들인 정어리 매실 룰로와 우엉 갈레트

(곤노 마코토/오르간)

정어리의 생선살로는 룰로Rouleau를 만들고 머리, 뼈, 내장으로는 소스를 만들어
정어리 한 마리를 모두 사용한 요리. 등 푸른 생선 특유의 비린 맛을 줄여주기
위해 미소된장과 매실을 넣어주었다. 꽁치로 만들어도 맛있다.

재료 6인분

정어리 매실 룰로

정어리(대) 7마리
A
  에샬롯(잘게 다진다) 60g
  마늘(잘게 다진다) 10g
  생강(잘게 다진다) 10g
딜(잘게 다진다) 4가지분
미소된장 1/2작은술
바이니쿠(단맛)* 3작은술
파슬리 빵가루* 적당량
정어리 간 레드 와인 소스(위에서 만든
분량 전부 사용)

* 바이니쿠: 우메보시의 과육을 발라낸 것

우엉 갈레트

우엉 1/2개
B
  클래리파이드 버터 30㎖
  달걀물 1/2개
  강력분 1.5큰술
  치즈가루 1.5큰술
물냉이 적당량
샐러드유, 소금 각각 적당량

* 파슬리 빵가루 만드는 방법: 믹서에 빵가루
  (50g), 마늘(1쪽), 이탈리안 파슬리 잎(6장)
  을 넣고 곱게 갈아준다.

만드는 방법

1 정어리 매실 룰로를 만든다.

1 정어리는 세 장 뜨기를 하여 생선 토
  막 14장을 만든다. 머리, 뼈, 내장은
  소스(위)에 사용한다. 생선 토막 가
  운데 5장은 파르스용으로 따로 둔다.

2 나머지 생선 토막 가운데 6장은 모양
  을 다듬는다.

3 나머지 생선 토막 3장은 정방형으로
  자른 다음 다시 반으로 자른다. 1~3
  에서 생긴 생선살 짜투리는 모두 파
  르스에 사용한다.

4 파르스를 만든다. 냄비에 샐러드유

를 두르고 **A**를 약불에 볶은 다음 식
힌다. <u>1</u>에서 파르스용으로 따로 두었
던 생선 토막 5장과 <u>1~3</u>에서 생긴 생
선살 짜투리를 모아 칼로 다진 다음
볶아서 식힌 **A**, 딜, 미소된장과 섞은
후에 소금과 후추로 간을 한다.

5 원형틀(직경 5cm) 안쪽에 쿠킹 페이
퍼를 깐다. **2**의 생선 토막 1장과 **3**에
서 반으로 자른 생선 토막 1장을 안
쪽에 붙이듯이 넣은 다음 **4**의 파르스
를 채운다. 파르스 위를 눌러서 바이
니쿠를 1/2작은술씩 채운다. 마지막

에 파슬리 빵가루를 적당히 올린다.

6 <u>5</u>를 도마에 올리고 원형틀을 뺀 다
음 235℃로 예열한 오븐에 3분간 굽
는다. 토치로 표면을 노릇노릇하게
굽는다.

2 우엉 갈레트를 만든다.

1 우엉은 슬라이서로 연필을 깍듯이
돌려 깎는다. 살짝 데친 다음 물기를
제거한다.

2 **B**를 섞은 다음 <u>1</u>을 넣고 한 번 더 섞
는다.

3 원형틀(직경 5cm) 안쪽에 샐러드유

를 바르고 달군 철 프라이팬 위에 올
린다. 불을 아주 약하게 하여 원형틀
에 **2**를 1/10 분량씩 넣으면서 평평
하게 한 다음 양면을 굽는다.

3 접시에 담는다. 접시에 정어리 간 레
드 와인 소스를 붓고 정어리 매실 룰
로를 올린다. 우엉 갈레트를 세워서
올린 다음 물냉이를 곁들인다.

프랑부아즈 소스 / 카시스 소스

리큐어를 끓여서 육류요리나 디저트 소스로

프랑부아즈 소스

카시스 소스

베리류의 리큐어는 끓여주기만 하면 맛과 향이
진한 소스가 된다. 디저트는 물론 육류요리에도
사용할 수 있다.

재료

리큐어(프랑부아즈 또는 카시스)
적당량

만드는 방법

- 냄비에 리큐어를 넣고 1/3 분량이 될
  때까지 약불에 끓인다. 냄비를 흔들
  어서 기울였을 때 냄비 바닥에 조금
  남을 정도의 농도로 끓인다.

보존방법·기간

2주일간 냉장 보존 가능

용도

푸아그라 프랑에 밤 퓌레와 푸아그라 푸알레를
올린 요리에 곁들입니다. 물론 디저트에 사용해도
좋습니다. 또 프라이팬에 오리나 사슴고기처럼
풍미가 강한 고기를 구운 다음 프라이팬에 남은
기름을 가볍게 닦고 이 소스를 퐁과 함께 넣어 살짝
졸여서 구운 고기에 곁들여도 좋습니다.
(곤노 마코토/오르간)

그레이스 소흥주 소스

지방이 오른 고기에도 뒤지지 않는 감칠맛

소흥주와 중국 간장, 두 가지 감칠맛이 있는
식재료를 섞어서 졸였다. 지방이 많은 육류에도
뒤지지 않는 감칠맛이 강한 소스

재료

소흥주 200㎖
팔각 2쪽*
중국 간장(노추왕) 30g

* 붓순나무과에 속하는 팔각의 8쪽의 열매
  가운데 2쪽 사용

만드는 방법

- 냄비에 모든 재료를 넣고 내용물이
  반으로 줄 때까지 끓인다.

보존방법·기간

1개월간 냉장 보존 가능

용도

녹말물을 넣고 걸쭉하게 만들어 굽거나 삶은 소고기,
돼지고기, 푸아그라 등에 곁들이면 좋습니다.
(니시오카 히데토시/렌게 에크리오시티)

오렌지 마늘 콩포트

마늘이 들어간 오렌지 콩포트

오렌지와 마늘로 만든 콩포트. 마늘은 향은
강하지 않지만 맛은 자극적인 이탈리아산
마늘을 사용했다. 마늘과 캐러멜의 쌉쌀한 맛,
오렌지의 상큼한 단맛이 의외로 좋은 조화를
이루어 생선요리에 잘 어울린다.

자료

A
오렌지(과육, 적당한 크기로 자른
다) 350g
화이트 와인 90g
레몬즙 1/2개

마늘(이탈리아산) 100g
그라뉴당 75g

만드는 방법

1 마늘은 세 번 삶는다.

2 냄비에 그라뉴당을 넣고 중불에 끓
인다. 캐러멜색이 되면 I과 A를 넣
고 끓인다.

3 마늘이 부드러워지면 나무주걱으로
으깨어 걸쭉하게 될 때까지 끓인다.

보존방법·기간

2주일간 냉장 보존 가능

용도

이 소스는 나폴리의 레스토랑에서 배웠습니다. **카르피오네**의
변형 소스 등에 사용합니다. **대구나 아귀의 튀김**에 곁들여도
좋습니다. 어패류 요리에도 잘 어울리기 때문에 **가리비 관자**
등에 곁들이면 좋습니다. 그레이프후르츠와 같은 오렌지
이외의 감귤류를 사용해도 좋습니다.
(오카노 유타/일 테아트리노 다 살로네)

사과 소스

익히지 않은 사과의 씹히는 식감과 산미가 포인트

사과, 케이퍼, 레드 와인 비네거의 산미가 어우러져 기름진 요리를 산뜻하게 먹을 수 있다 사과의 씹히는 식감이 남도록 소스를 완성하는 것이 중요하다.

재료

사과 500g

양파 200g

마늘 10g

A
| 케이퍼(초절임) 100g
| 케이퍼 초절임 물 50g
| 레드 와인 비네거 100g
| E.V.올리브 오일 150g

설탕, 소금 각각 적당량

만드는 방법

1. 사과는 껍질을 벗기도 심을 도려낸 다음 적당한 크기로 자른다. 양파와 마늘도 적당한 크기로 자른다.
2. 볼에 **1**과 **A**를 넣고 핸드 블렌더를 돌린다. 부드러운 페이스트 상태가 아닌 사과의 씹히는 식감이 남을 정도에서 멈춘다.
3. 설탕과 소금으로 간을 한다.

보존방법·기간

1개월간 냉장 보존 가능

용도

'**고등어 초절임 회**'(p.175)에 곁들이는 소스로 만든 것입니다. 지방이 많은 식재료를 담백하게 먹을 수 있기 때문에 **돼지고기 구이** 등에 곁들여도 좋습니다. 사과는 빨간 사과를 사용하는 것이 좋습니다. 사과에 따라 산미의 강도가 달라서 맛을 보고 소금과 설탕으로 조절해주세요. (요코야마 히데키/(食)마시카)

사과 콩디망

사과에 향신료의 달콤한 향을 입힌다

사과를 작게 잘라서 향신료를 넣고 끓인 콩디망. 디저트는 물론 돼지고기나 내장요리에 산뜻한 풍미와 단맛, 화려한 향을 더하고 싶을 때 사용해도 좋다.

재료

사과 1개

레몬즙 1/2개분

버터 15g

브랜디 30㎖

백후추 적당량

향신료 각각 적당량

| 시나몬 파우더
| 넛메그 파우더
| 클로브 파우더

꿀 15㎖

소금 적당량

용도

내장요리나 **돼지고기 요리**에 곁들입니다. **아이스크림**에 곁들여 디저트로 사용해도 좋습니다. (곤노 마코토/오르간)

만드는 방법

1. 사과는 1㎝ 크기의 주사위 모양으로 자른 다음 레몬즙을 뿌려 색이 변하지 않도록 한다.
2. 냄비에 버터를 넣고 중불에 녹인다. **1**을 넣고 볶은 다음 브랜디를 넣는다.
3. 수분이 날아가면 백후추, 향신료, 꿀, 소금을 넣는다. 향신료는 시나몬을 1이라고 하면 넛메그는 1/2, 클로브는 1/10 정도의 양이라고 생각하고 넣는다.
4. **3**을 취향에 맞는 크기로 칼로 두드린다.

보존방법·기간

4~5일간 냉장 보존 가능

사과 소스를 곁들인
고등어 초절임 회

(요코야마 히데키/(食)마시카)

고등어 초절임을 일본의 관서지방에서는 '기즈시' 라고 부르고
관동지방에서는 '시메사바' 라고 부른다. 소금과 식초의 맛이
조화를 이루면서 사과 소스의 산뜻한 산미와 단맛이 잘 어울린다.

재료 10인분

고등어 1kg
소금 30g
쌀 식초 300g
사과 소스(p.174) 800g
어린 잎채소 적당량

만드는 방법

1 고등어는 세 장 뜨기를 하여 껍질을
벗긴다. 표면에 소금을 뿌리고 1시간
정도 그대로 둔다.

2 1의 수분을 제거한 다음 30분 동안
쌀 식초에 완전히 담가둔다. 고등어
를 뒤집어 30분 동안 더 담가둔다.

3 2의 수분을 제거한 다음 랩에 싸서
냉장고에서 숙성시킨다. 다음날 먹
으면 가장 맛있다.

4 3을 먹기 좋은 두께로 잘라 접시에
담는다. 고등어 위에 사과 소스를 올
리고 어린 잎채소로 장식한다.

스고리

버터와의 균형을 고려해서 토마토 맛은 심플하게

포도의 단맛과 산미, 떫은맛을 응축시킨 크림.
밀가루를 넣고 농도를 걸쭉하게 만들어 소박함이
느껴지는 소스이다.

재료

포도(거봉 또는 피오네) 500g
박력분 30g
설탕 30g
물 60㎖

만드는 방법

1 포도와 물을 냄비에 넣은 다음 뚜껑을 닫고 포도가 흐물흐물해질 때까지 끓인다.
2 1을 고운 채에 거른다. 씨가 으깨지면 떫은맛이 나기 때문에 으깨지지 않도록 주의한다.
3 볼에 박력분과 설탕을 넣고 섞는다. 여기에 2를 뜨거울 때 조금씩 넣으면서 뭉치지 않도록 섞는다.
4 3을 냄비에 넣고 타지 않도록 섞으면서 10~15분 정도 약불에 끓인다.
5 4를 냉장고에서 몇 시간 식힌다.

보존방법·기간

2~3일간 냉장 보존 가능

용도

이 소스는 이탈리아 에밀리아 로마냐 주의 코디고로에 있는 레스토랑 '카반나'에서 배운 것입니다. 와인용 포도의 수확시기에 남은 포도를 이용해서 만드는 포도 크림으로 '스브리솔로나'(아래)라고 하는 칼로 자르지 않고 조각조각 뜯어먹는 케이크에 곁들여 먹습니다. 거품을 낸 생크림을 올리고 사블레를 곁들여 손님에게 제공해도 좋습니다.
(에이지마 요시쿠니/사로네 2007)

'스브리솔로나' 만드는 방법

1 볼에 프랑스빵용 박력분(200g), 껍질을 벗기지 않고 구워서 으깬 아몬드(200g), 그라뉴당(150g), 소금(한 꼬집)을 넣고 섞는다.
2 작게 잘라서 차게 해둔 버터(200g)을 넣고 손으로 가볍게 섞는다.
3 파운드틀(폭 9㎝, 높이 15㎝, 높이 5㎝)에 버터를 바른 다음 반죽을 넣고 170℃로 예열한 오븐에 25분 정도 굽는다. 빵이 구워졌으면 따뜻할 때 틀에서 꺼내 한입 크기로 자른다.

캐러멜 소스

농후한 쓴맛과 생크림의 깊은 맛이 포인트

그라뉴당을 확실히 태워 쓴맛을 내고
생크림으로 농도를 맞춘 깊은 맛의 소스

재료

그라뉴당 80g
생크림(유지방 38%) 80g

만드는 방법

1 냄비에 그라뉴당을 넣고 녹인다. 원하는 정도의 색이 나오면 불을 끈다.
2 바로 생크림을 넣고 섞은 다음 얼음 위에 냄비를 올려 식힌다.

보존방법·기간

1주일간 냉장 보존 가능

용도

<u>모든 디저트</u>에 사용할 수 있습니다. <u>바닐라 아이스크림</u>과 특히 잘 어울립니다. <u>사과, 바나나, 서양배와 같은 과일을 구워서</u> 버무리거나 <u>빵과 케이크</u> 주위에 둘러주어도 좋습니다. (아라이 노보루/레스토랑 오마주)

앙글레즈 소스

바닐라의 향과 달걀의 단맛

달걀과 우유로 만드는 프랑스의
기본 디저트 소스. 진한 바닐라의
향이 달걀의 단맛을 살려준다.

재료

달걀노른자 60g
우유 120g
바닐라 빈 1/2개
그라뉴당 50g

만드는 방법

1 볼에 달걀노른자와 그라뉴당을 넣고 거품기로 크림 상태가 되도록 섞는다.
2 우유에 바닐라 빈을 넣고 불에 올려 따뜻하게 끓인다.
3 **2**의 반을 **1**에 넣고 섞은 다음 **2**의 냄비에 다시 넣는다. 섞으면서 가열을 하여 80℃가 되면 불을 끄고 볼에 담아 식힌다.

보존방법·기간

2일간 냉장 보존 가능

용도

<u>모든 디저트</u>에 사용할 수 있습니다. 그냥 사용해도 좋지만 손님에게 제공하기 직전에 핸드 블렌더로 무스 상태로 만들면 부드러운 소스가 됩니다. 또 앙글레즈 소스와 우유를 2:1 비율로 섞어 <u>과일</u>을 듬뿍 넣어주면 <u>디저트 수프</u>가 됩니다. (아라이 노보루/레스토랑 오마주)

커스터드 크림

타지 않도록 신중하게 불 조절을 한다.

밀가루, 콘스타치에 달걀노른자. 설탕 등을 넣은 부드러운 커스터드 크림.
타기 쉽기 때문에 계속 저어주어야 하고 탈 것 같으면 불을 끄는 등 신중하게
불 조절을 해주어야 한다.

재료

우유 200g
바닐라 빈 1/2개
달걀노른자 40g
그라뉴당 45g
박력분 10g
콘스타치 10g

보존방법·기간

2~3일간 냉장 보존 가능. 냉장 보관하면
굳기 때문에 사용할 때마다 거품기로 섞
어서 부드러운 상태로 만든다.

용도

다양한 **디저트**에 사용합니다. 그대로
사용해도 좋지만 거품을 낸 생크림과 섞으면
더 부드러운 커스터드 크림이 됩니다.
(아라이 노보루/레스토랑 오마주)

1 볼에 달걀노른자와 그라뉴당을 넣는다.

2 하얀 빛이 돌때까지 거품기로 섞는다.

3 다 섞은 상태

4 **3**에 박력분과 콘스타치를 넣고 섞는다.

5 다 섞은 상태

6 우유에 바닐라 빈을 넣고 약불에 따뜻하게 끓인다.

7 **6**의 우유의 반을 **5**의 볼에 넣고 섞는다.

8 섞었으면 **6**의 냄비에 다시 넣는다.

9 **8**의 냄비를 약불에 올리고 멈추지 않고 거품기로 저어주면서 가열한다. 탈 것 같으면 불을 끄고 잠시 그대로 두었다가 다시 가열한다.

10 거품기를 들었을 때 사진과 같은 농도가 되면 불을 끈다.

11 볼에 옮겨 담아 랩을 씌운 다음 식힌다.

티라미수용 마스카르포네 크림

간단하게 만들 수 있는 부드러운 크림

달걀노른자의 깊은 맛과 마스카르포네 크림의
부드러움이 입안에 퍼진다. 달걀노른자에 확실히
열을 가해 달걀 비린 맛이 없고 위생적으로도
안전하다.

재료

달걀노른자 3개
마스카르포네 250g
설탕 25g+75g
생크림(유지방 42%) 200g
판 젤라틴* 4g
브랜디 30㎖
설탕 소량

***** 판 젤라틴은 여름에는 얼음물에 불리고 겨
울에는 상온의 물에 불린다.

보존방법·기간

2일간 냉장 보존 가능하지만 다음날이
되면 풍미가 떨어지기 때문에 가능하면
만든 그날 모두 사용한다. 냉동하면 1개
월간 보존 가능하다.

용도

주로 티라미수(p.181)에 사용합니다. 일본에서는 불을
사용하지 않고 만드는 곳이 많지만 저는 이탈리아에서 배운
방법으로 달걀노른자에 확실히 열을 가해줍니다. 이렇게
만들면 달걀 비린 맛도 잡아주고 살균도 됩니다. 달걀노른자,
설탕, 마스카르포네만으로 만드는 것이 전통적인 방식이지만
이 레시피는 생크림을 넣어 부드러움을 더했습니다. 그래서
과일과 같이 크레이프에 싸서 손님에게 제공하는 등 티라미수
이외의 다양한 디저트에도 사용합니다.
거품기로 섞어서 농도를 조절할 수 있는 것도 생크림이
들어있기 때문입니다. 또 젤라틴을 넣어서 모양이 안정적이고
냉동을 해도 잘 변하지 않습니다. 실리콘 몰드에 1인분씩 넣어
얼려두면 필요할 때 해동해서 사용할 수 있어서 편리합니다.
(에이지마 요시쿠니/사로네 2007)

만드는 방법

1 볼에 달걀노른자와 설탕(25g),
소금을 넣고 중탕하면서 거품기
로 섞는다.

2 사진처럼 하얀 크림 상태로
온도가 72℃가 되면 중탕을 멈
춘다. 물에 불린 판 젤리틴을 넣
고 섞는다.

3 2가 약 50℃가 되면 브랜디
(30㎖)를 넣고 섞는다.

4 다른 볼에 마스카르포네를
넣고 거품기로 섞어 부드럽게 해
둔다.

티라미수

(에이지마 요시쿠니/사로네 2007)

크림의 맛을 최대한 즐길 수 있도록
심플하게 만든 티라미수. 초콜릿을
위에 뿌려주거나 딸기 같은 과일을
중간에 넣어주어도 좋다.

만드는 방법 1인분

1 핑거비스킷을 반을 잘라 접시에 담
   는다. 비스킷은 이탈리아의 비스코
   티 사보이아르디를 사용

2 1에 에스프레소(1/2컵)을 붓고 티
   라미수용 마스카르포네 크림(p.180,
   30g)을 올린다.

3 코코아 파우더를 뿌린다. 1~2의 작
   업을 한 번 더 하여 층을 올린다.

5 3이 약 40℃가 되면 4의 볼에
   3을 반 정도 넣고 섞는다.

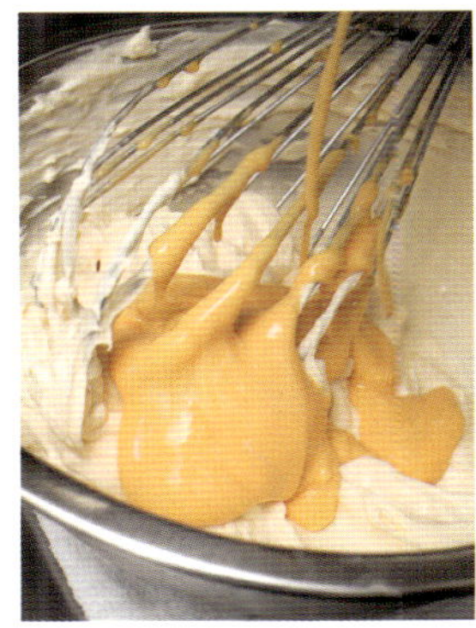

6 완전히 섞였으면 남은 반을
   넣고 섞는다.

7 생크림에 설탕(75g)을 넣고
   80~90% 거품을 낸다.

8 7에 6을 2~3번 나누어 넣는
   다. 넣을 때마다 고무주걱으로 섞
   는다. 마스카르포네가 너무 부드
   러운 경우에는 거품기로 섞으면
   농도가 진해진다.

쇼콜라 소스

진하고 깊은 맛이야말로 초콜릿의 매력

초콜릿의 맛을 확실히 즐길 수 있는 진한 소스.
상온으로 사용해도 좋지만 따뜻하게 해서
아이스크림 위에 뿌려 온도차를 즐기는 것도 좋다.

재료

A
| 초콜릿 10g
| 생크림(유지방 38%) 15g
| 그라뉴당 70g
| 물 70g
코코아 파우더 50g

만드는 방법

1 냄비에 **A**를 넣고 끓인다.
2 끓어오르면 코코아 파우더를 넣고 섞은 다음 불을 끈다.

보존방법·기간

1주일간 냉장 보존 가능

용도

<u>모든 디저트</u>에 사용할 수 있습니다. 따뜻하게 해서 <u>아이스크림</u> 위에 뿌리거나, <u>파르페</u> 소스로 사용하거나, <u>케이크</u>를 만들 때 사용하면 좋습니다.
(아라이 노보루/레스토랑 오마주)

뚜 쇼콜라

(아라이 노보루/레스토랑 오마주)

초콜릿 소스, 초콜릿 아이스크림, 초콜릿이 들어간 생크림,
브라우니로 만든 초콜릿 디저트

재료

쇼콜라 소스(위) / 1인분 30㎖

초콜릿 아이스크림 / 40인분

초콜릿(다진다) 450g
달걀노른자 100g
그라뉴당 280g
우유 1ℓ
버터(작게 자른다) 60g
생크림(유지방 38%) 125g

브라우니 / 20인분

비터 초콜릿(다진다) 110g
버터(작게 자른다) 156g
달걀 3개
파우더 슈거 150g
헤이즐넛(다진다) 140g
코코아 파우더 10g
박력분 66g

카라멜리아 샹티이 / 6인분

카라멜리아(발로나)* 36g
생크림(유지방 38%) 78g

초콜릿 플레이트 / 1인분에 1장

초콜릿 적당량

* 캐러멜 향이 나는 밀크 초콜릿

만드는 방법

1 초콜릿 아이스크림을 만든다.
1 몰에 달걀노른자와 그라뉴당을 넣고 크림 상태가 될 때까지 거품기로 섞는다.
2 우유를 냄비에 넣고 끓여서 1에 조금씩 넣으면서 섞는다.
3 초콜릿을 중탕으로 녹여 2를 넣고 섞는다.
4 3을 2의 냄비에 다시 넣고 걸쭉해질 때까지 약불에 끓인다.
4 4를 냉동고에 넣어 하룻밤 얼린 다음 써머믹스에 돌린다. 부드러워지면 버터와 생크림을 넣고 섞는다.

2 브라우니를 만든다.

1 볼에 비터 초콜릿을 넣고 중탕으로 녹여서 섞는다.

2 다른 볼에 달걀과 파우더 슈거를 넣고 크림 상태가 될 때까지 거품기로 섞는다.

3 2의 볼에 1을 넣고 섞는다.

4 3에 헤이즐넛, 코코아 파우더, 박력분을 넣고 섞는다.

5 4를 틀에 넣고 180℃로 예열한 오븐에서 20~25분간 굽는다. 식혀서 3~4㎝의 사각형으로 자른다.

3 카라멜리아 샹티이를 만든다. 카라멜리아를 중탕으로 녹인 다음 거품을 낸 생크림과 섞는다.

4 초콜릿 플레이트를 만든다. 초콜릿을 중탕에 녹이고 탬버링한다. 플라스틱 시트 위에 직경 10㎝의 세르크 틀을 놓고 탬버링한 초콜릿을 얇게 붓는다. 식으면 스패츌러로 떼어낸다.

5 잔에 담는다.

1 잔 아래에 카라겔리아 샹티이를 넣고 브라우니와 초콜릿 아이스크림을 올린다.

2 잔에 초콜릿 플레이트를 올린다. 중탕으로 따뜻하게 한 쇼콜라 소스를 다른 용기에 넣어 붓는다.

3 제공할 때는 손님 앞에서 쇼콜라 소스를 초콜릿 플레이트 위에 붓는다.

살사 디 비체린

초콜릿 × 커피 × 헤이즐넛

비체린은 에스프레소와 헤이즐넛 크림을 넣은 핫 초콜릿. 북이탈리아 피에몬테 주 토리노의 유명한 음료이다. 이 비체린을 디저트 소스로 사용한다.

재료

잔두야* 100g
에스프레소 40g
생크림(유지방 38%) 45g

* 견과류 페이스트를 섞은 초콜릿. 헤이즐넛 페이스트를 넣은 것을 사용

만드는 방법

1 잔두야를 중탕으로 녹인 다음 에스프레소, 생크림을 넣고 섞는다.

보존방법·기간

냉장으로 1주일간, 냉동으로 4주일간 보존 가능

용도

이탈리아에서는 리큐어에 적신 **토르타**(케이크)에 **앙글레즈 소스**와 함께 곁들입니다. **바닐라 젤라토**에 뜨거운 에스프레소를 뿌리는 **아포가토**처럼 **아이스크림** 위에 뿌려주어도 좋습니다. (유아사 잇세이/비오디나미코)

연유 소스

단맛을 조절할 수 있는 직접 만든 연유

생크림과 설탕만으로 만드는 간단한 연유 소스. 설탕의 분량은 생크림의 20%를 기준으로 취향대로 조절한다. 다른 재료를 전혀 넣지 않아 산뜻한 맛이 매력이다.

재료

생크림(유지방 42%) 1ℓ
설탕 200g

만드는 방법

1 키친 포트에 생크림과 설탕을 넣고 중탕으로 설탕을 녹인다.
2 핸드 블렌더로 부드럽게 섞는다.
3 냉장고에서 식힌다.

보존방법·기간

1주일간 냉장 보존 가능

용도

디저트 소스로 다양하게 사용합니다. **캐러멜** 대신에 **푸딩** 위에 뿌려주면 맛이 부드럽습니다. **딸기**에 뿌려줄 경우에는 설탕의 양을 두 배로 하면 좋습니다. 단맛과 농도는 설탕의 양으로 조절해주세요. (요코야마 히데키/(食)마시카)

녹두 코코넛 소스 / 녹두 소스

맛이 부드러운 녹두 앙소스

녹두 코코넛 소스

녹두 소스

녹두를 달게 삶아서 팥소로 만든 다음 코코넛
밀크나 뜨거운 물을 섞어 소스로 만들었다.
녹두 팥소의 부드러운 맛을 그대로 즐기고
싶다면 뜨거운 물을, 깊은 맛을 내주고 싶다면
코코넛 밀크를 넣어주면 좋다.

재료

녹두 팥소

아래 분량으로 만들어 75g 사용

녹두(껍질을 벗긴 것) 250g
그라뉴당 200g
물 400㎖
소금 한 꼬집

코코넛 밀크 / 뜨거운 물 50㎖

만드는 방법

Ⅰ 녹두 팥소를 만든다.

　⊥ 녹두는 물에 씻어 2~3시간 물에 담
　　가둔다.

　2 ⊥의 녹두의 물기를 제거한 다음 물과
　　함께 끓인다. 끓으면 거품을 제거하
　　면서 삶는다.

　3 녹두가 부드러워졌으면 그라뉴당과
　　소금을 넣고 나무주걱으로 저어주면
　　서 수분을 날린다.

　4 농도가 걸쭉하게 되면 바트에 담아
　　식힌다.

2 녹두 팥소에 코코넛 밀크 또는 뜨거
　운 물을 넣고 섞는다. 코코넛 밀크를
　섞으면 녹두 코코넛 소스가 되고, 뜨
　거운 물을 섞으면 녹두 소스가 된다.

보존방법·기간

2~3일간 냉장 보존 가능(녹두 팥소는 냉
동으로 2주일간 보존 가능)

용도

두 가지 소스 모두 아이스크림에 뿌리거나 '차가운
두부 체(연두부에 갈은 얼음을 올리고 달콤한 소스를
뿌린 베트남식 디저트)'에 사용합니다. 또 타피오카나
바나나를 넣고 끓여서 '따뜻한 체(베트남식 단팥죽)'
에 사용해도 좋습니다. 녹두 팥소는 일반 팥소와
같은 용도로 사용할 수 있습니다. 녹두 팥소를 넣고
만든 경단에 생강 시럽(p.186)을 뿌려주거나 떡을
만들 때 사용하기도 합니다. 부드러운 맛이 고구마의
맛과 비슷해서 고구마로 만드는 과자에 고구마 대신
사용해도 좋습니다. (아다치 유미코/마이마이)

코코넛 밀크 소스

부드럽고 향긋한 열대지방의 맛

코코넛 밀크에 단맛을 더한 디저트 소스.
녹말물로 걸쭉하게 만들어 사용하기 편한 농도로
조절할 수 있다.

재료

A
- 코코넛 밀크 400㎖
- 그라뉴당 50g
- 소금 한 꼬집
- 물 200㎖

전분물(다음 재료를 섞는다)
- 전분가루 1큰술
- 물 1큰술

만드는 방법

1. 냄비에 **A**를 넣고 끓인다.
2. 그라뉴당이 녹아 끓어오르면 불을 줄인다. 전분물을 넣고 섞은 다음 한 번 끓여준다.

보존방법·기간

2~3일간 냉장 보존 가능

용도

아이스크림 위에 뿌리고 다진 땅콩을 뿌리면 아시아풍 디저트가 됩니다. 파르페의 소스로 사용해도 좋습니다. 베트남에서는 '차가운 체(갈은 얼음, 과일, 젤리, 팥 등을 넣은 베트남 팥빙수)의 소스로 사용하거나 바나나나 고구마를 넣고 끓여서 '따뜻한 체(베트남식 단팥죽)'를 만들기도 합니다. (아다치 유미코/마이마이)

생강 시럽

생강을 끓여서 만든 시럽

생강을 푹 끓여서 우려낸 심플한 시럽.
생강 이외에는 설탕만 사용하기 때문에
생강 본연의 맛이 살아있다.

재료

- 생강(얇게 저민다) 45g
- 설탕 80g
- 물 500㎖

만드는 방법

1. 냄비에 모든 재료를 넣고 끓인다. 끓어오르면 약불로 줄이고 약 20분간 푹 끓인다.

보존방법·기간

4~5일간 냉장 보존 가능

용도

탄산수를 섞으면 '진저에일'이 됩니다. 베트남에서는 '두부 체(따뜻한 연두부에 시럽을 뿌린 디저트)'나 녹두 팥소를 넣고 만든 경단에 뿌리기도 합니다. (아다치 유미코/마이마이)

차가운 체

(아다치 유미코/마이마이)

'차가운 체'는 베트남의 팥빙수로
가게에 따라 사용하는 재료가
다양하다. 사진은 얼음, 젤리, 통단팥,
팥소 등을 유리잔에 담은 다음 코코넛
소스를 뿌린 차가운 체이다.

재료 1인분

코코넛 밀크 소스(p.186) 40g

선인초 젤리(통조림) 40g

검 시럽(시판) 적당량

통단팥(시판) 35g

녹두 팥소(p.185) 20g

삶은 검은콩(가당, 시판) 5알

삶은 흰 강낭콩(가당, 시판) 2알

갈은 얼음* 적당량

로스트 코코넛 적당량

땅콩(다진 것) 적당량

* 갈거나 으깬 얼음

만드는 방법

1 선인초 젤리는 2㎝ 크기의 주사위 모
양으로 자른다. 검 시럽에 약 2시간
정도 담가 단맛이 배도록 한다.

2 유리잔에 통 단팥, 녹두 팥소, 삶은
검은콩, 삶은 흰 강낭콩, 1의 선인초
젤리 순서로 넣은 다음 코코넛 밀크
소스를 뿌린다. 갈은 얼음을 올리고
로스트 코코넛과 땅콩을 뿌린다.

파인애플 코코넛 에스푸마

여름에 어울리는 거품 디저트 소스

피나 콜라다Piña Colada에서 아이디어를 얻었다. 파인애플 주스와 코코넛 밀크에 럼주를 넣은 키리브해에서 만든 칵테일을 디저트 소스로 만들었다. 푹신푹신하고 부드러운 에스푸마를 만들어 여름 이미지를 강조했다.

파인애플 주스 200g
코코넛 퓌레 175g
라임즙 25g
에스푸마 골드* 35g

* 에스푸마용 사이폰으로 액체나 퓌레를 거품 상태로 만들 때 넣는 분말 증점제

1 볼에 모든 재료를 넣고 핸드블렌더로 섞는다.
2 1을 에스푸마용 사이폰에 넣는다.
3 손님에게 제공하기 전에 사이폰을 잘 흔들어 거꾸로 세운 다음 핸들을 당겨 거품 상태의 소스를 만든다.

필요할 때 만들어 가능하면 빨리 사용한다. 점심 메뉴용으로 만들었다면 저녁 메뉴에는 사용하지 않는다. 저녁 메뉴용으로 만들었다면 다음날에는 사용하지 않는다.

용도

여름 디저트인 '**파인애플 코코넛 데세르 파냐 콜라다**'(아래)의 소스로 사용합니다. **파인애플과 코코넛** 위에 거품 소스를 올립니다. 이번에는 **파인애플 콤포트, 코코넛 소르베, 파인애플 그라니테**를 사용했지만 **블랑망제**나 **젤리** 등을 사용하여 다양하게 변화를 줄 수도 있습니다. (아라이 노보루/레스토랑 오마주)

파인애플 코코넛 데세르 파나 콜라다

(아라이 노보루/레스토랑 오마주)

파인애플 주스와 코코넛 밀크를 베이스로 한 칵테일과 파나 콜라다를 디저트로. 마지막에 뿌린 라임 잎 파우더 향이 확실히 여름을 느끼게 해준다.

파인애플 코코넛 에스푸마(위) 적당량

파인애플 콤포트 / 60인분

골든 파인애플 1개
사프란 두 꼬집
그라뉴당 120g
물 500g
카더멈 3개

파인애플 그라니테 적당량

파인애플 주스 적당량

코코넛 소르베 / 60인분

코코넛 퓌레 700g
물엿 50g
그라뉴당 50g
물 100g

라임 잎 파우더 / 20인분

라임 잎 오일
라임 잎 1장
겨 기름米油 60㎖
말토섹maltosec, 스페인의 소사 제품* 30g

* 타피오카를 원료로 하는 분말. 기름을 흡수하는 성질이 있어서 오일을 분말로 만들 때 섞어서 사용한다.

1 파인애플 콤포트를 만든다.
1 골든 파인애플은 잎, 껍질, 심을 제거한 다음 과육을 1㎝ 크기의 주사위 모양으로 자른다.
2 냄비에 사프란, 그라뉴당, 물을 넣고 끓인다. 끓어오르면 카더멈을 넣고 불을 끄고 1을 넣은 다음 하룻밤 그대로 둔다.
2 파인애플 그라니테를 만든다. 파인애플 주스를 얼린다. 손님에게 제공할 때는 스푼으로 긁어서 담는다.

3 코코넛 소르베를 만든다.

1 냄비에 물엿, 그라뉴당, 물을 넣고 끓
인 다음 식힌다.

2 1에 코코넛 퓌레를 섞은 다음 냉동
분쇄조리기(파코젯) 전용 용기에 담
아 얼린다.

3 2를 냉동분쇄조리기로 분쇄하여 소
르베를 만든다.

4 라임 잎 파우더를 만든다.

1 라임 잎을 12시간 정도 겨 기름에 담
가서 라임 잎 오일을 만든다.

2 라임 잎 오일에 말토섹을 섞는다.

5 플레이팅 한다. 유리잔에 파인애플
콤포트, 파인애들 그라니테, 코코넛
소르베 순서로 담는다. 파인애플 코
코넛 에스푸마를 에스푸마용 사이펀
에 넣고 거품 상태로 만들어 소르베
위에 올린다. 라임 잎 파우더를 뿌
린다.

아다치 유미코

대학을 졸업하고 회사를 다니다가 스페인으로 유학을 떠났다. 귀국 후에 스페인과 중남미 식문화를 연구하면서 '베트남 요리가 재미있다.'는 말을 듣고 요리 연구를 위해 처음으로 베트남을 방문했다. 그리고 베트남 식문화의 독자성과 다양성에 매료되어 자주 베트남을 찾게 되었다. 1998년에 에코다에 베트남 잡화점 '마이마이'를 오픈하여 베트남의 잡화와 조리 도구를 판매했다. 2001년에는 가게 한쪽에서 베트남 샌드위치인 반미 등을 손님들에게 제공하기 시작했다. 2005년에 베트남 레스토랑으로 사업을 변경하여 술안주나 식사를 제공하면서 베트남 현지의 분위기와 맛으로 많은 베트남 요리 팬을 확보하게 됐다. 2013년에는 가까운 곳에 자매점 '에코다햄'을 오픈했다.

베트남 요리 중에서도 특히 반미와 술안주에 조예가 깊다. 주요 저서에는 《처음 시작하는 베트남 요리》(공저), 《반미》 등이 있다.

이 책에서는 베트남 소스를 비롯하여 베트남 현지의 전통과 유행에서 아이디어를 얻어 만든 요리 등을 소개하고 있다.

마이마이 Maimāi
도쿄도 네리마구 아사히가오카 1-76-12
東京都練馬区旭丘1-76-2

아라이 노보루

조리사학교를 졸업하고 프랑스 레스토랑에서 근무하다가 24살에 프랑스로 떠났다. '오베르주 드 라 파니에르'(프로방스), 레시스 마르콘이 경영하는 '르 클로 데 심Le Clos des Cimes'(론알프) 등에서 1년간 요리를 배웠다. 2000년에 자신이 나고 자란 일본의 아사쿠사에 프랑스 레스토랑 '레스토랑 오마주'를 오픈하였으며, 2009년에 가까운 곳으로 이전했다. 런치코스는 3,600~10,000엔, 디너코스는 10,000~15,000엔이다.(세금과 서비스료는 별도)

모던한 플레이팅과 세련된 맛에서 클래식한 프랑스 요리에 대한 경의심이 느껴지면서도, 새로운 발상으로 손님들에게 즐거움을 준다. 소스는 주재료를 살리고 요리의 밸런스나 코스요리 전체의 흐름을 조절하는 보조적인 역할을 한다고 생각하고 있다. 향과 산미를 어떻게 활용할지, 요리의 포인트로 어떻게 사용할지 항상 의식하면서 요리를 한다.

이 책에서는 이런 철학을 바탕으로 한 프랑스 요리의 기본 소스를 소개하고 있다.

레스토랑 오마주 Restaurant Hommage
도쿄도 다이토구 아사쿠사 4-10-5
東京都台東区浅草4-10-5

에이지마 요시쿠니

조리사학교를 졸업하고 이탈리아 레스토랑에서 근무하다가 2003년에 '리스토란 데카르미네' 세프로 취임했다. 2005년에 이탈리아로 건너가 5년 동안 머물면서 롬바르디아 주, 베네토 주, 프리울리베네치아줄리아 주, 리구리아 주, 에밀리아로마냐 주, 토스카나 주, 시칠리아 주의 8개 레스토랑에서 요리를 배웠다. 귀국 후에는 여러 레스토랑을 거쳐 2015년 5월 'SARONE 2007'의 세프로 취임했다. 'SARONE 2007'은 매달 메뉴를 바꾸어 10개의 요리를 내는 코스요리 런치코스 5,000엔, 디너코스 12,000엔(세금과 서비스료는 별도) 한다. 항상 스토리가 있는 구성을 생각하면서 이탈리아에서 자신이 먹었던 놀라운 맛을 재현하려고 한다. 이탈리아에서 배운 다양한 요리 중에서도 프리울리베네치아줄리아 주의 향토요리와 시칠리아의 레스토랑 '마디아'의 요리가 인상적이었다고 한다. 프리울리베네치아줄리아 주에서는 이탈리아 요리에 대한 고정관념이 깨졌고, 시칠리아에서는 소재 본연의 맛을 철저히 연구하여 표현하는 것에 충격을 받았다.

이 책에서는 토마토 소스와 같은 기본 소스뿐만 아니라 앞에서 말한 두 지역에서 배운 소스를 소개하고 있다.

사로네 2007 SALONE2007
가나가와현 요코하마시 나카구 야마시타초 36-1
神奈川県横浜市中区山下町36-1
バーニーズ ニューヨーク横浜店B1F

오카노 유타

고등학교를 졸업하고 이탈리아 레스토랑 두 곳에서 3년 반 정도 근무하다가 2009년에 이탈리아로 떠났다. 피에몬테 주, 풀리아 주, 롬바르디아 주, 트렌티노알토아디제 주 , 마르케 주 등에서 요리를 배웠다. 그중에서도 약 4년 동안 이탈리아에 체류하면서 반 년 이상 지냈던 캄파니아 주 나폴리에 있는 리스토랑 '타베르나 에스띠아'의 심플하게 보이면서도 소재의 맛을 끌어내는 요리에 가장 많은 영향을 받았다.

2013년에 귀국하여 오사카의 '퀸트칸토'의 수셰프를 거쳐 28살 젊든 나이에 '일 테아트리노 다 살로네'의 셰프로 취임했다. '일 테아트리노 다 살로네'의 런치코스는 8,500엔, 디너코스는 12,000엔(세금과 서비스료= 별도)으로 모두 12가지 요리로 구성되어 있다. 메뉴는 매달 다르다. 이탈리아에서 배운 정통 이탈리아 요리와 향토요리를 바탕으로 한 창의적인 코스요리를 만들고 있다. 2017년에 이시카키 섬의 프라이빗 빌라 '유산디 JUSANDI'의 셰프로 취임했다.

이 책에서는 기본 소스뿐만 아니라 항구도시 나폴리에서 배운 소스를 중심으로 소개하고 있다.

살로네 그룹 일 테아트리노 다 살로네
IL TEATRINO DA SALONE
도쿄도 미나토구 미나미아오야마 7-11-5
HOUSE7115 B1F
東京都港区南青山7-11-5
HOUSE7115 B1F

곤노 마코토

1969년 출생. 1987년 미국으로 건너가 대학을 다니면서 록 스타를 꿈꾸었지만 이루지 못했다. 음식점에서 일을 하면서 레스토랑을 경영하고 싶다는 생각을 하게 됐다. 1997년에 귀국하여 카페 '바지'(하라주쿠)에서 근무하다가 2005년에 산겐자야에 '우구이스'를 오픈했다. 역에서 20분 이상 걸어야 하는 입지 조건임에도 불구하고 앤티크한 인테리어, 지연파 와인과 그에 맞는 요리를 선보이면서 지금까지와는 다른 스타일이라는 평가를 받으며 예약이 마감될 정도로 인기 있는 레스토랑이 되었다.

2011년에는 2호점 '오르간'을 니시오기쿠보에 오픈했으며 개점 직후부터 '우구이스'처럼 예약이 힘든 인기 레스토랑이 되었다. '오르간'에서는 독학으로 배운 프랑스 요리를 바탕으로 파테 앙 큐르트와 같은 전통 프랑스 요리뿐만 아니라 일본과 아시아의 조미료를 넣고 독자적으로 개발한 요리도 손님들에게 제공한다.

이 책에서는 레스토랑에서 직접 사용하는 소스와 퓌레, 양념을 소개하고 있다.

오르간 organ
도쿄도 스기나미구 니시오기미나미 2-19-12
東京都杉並区西荻南2-19-12

나카무라 히로시

대학 졸업 후 회사생활을 하다가 요리사가 되고 싶다는 꿈을 버리지 못하고 2년 만에 회사를 그만두었다. 백화점 레스토랑, 프랑스 레스토랑, 와인바의 주방에서 일을 하다가 주식회사 HUGE에 입사하여 회사에서 경영하는 '레스토랑 대즐 Restaurant DAZZLE'(긴자)에서 근무하다가 2009년에 스페니시 이탈리안 형태의 '리골레토'를 오픈할 때 셰프로 취임했다. 그 후 멕시코 요리사업에 참여하였고 현재는 '아시엔다 델 시에로'를 포함한 총 요리장을 밑고 있다. '아시엔다 델 시에로'에서는 일본과 다른 풍토와 문화를 가지고 있는 멕시코의 맛을 일본인의 입맛에 맞게 바꾸어 제공하고 있다. 멕시코 요리 소스에는 '살사'와 '몰레'라고 하는 두 가지 카테고리가 있는데 '몰레'는 소스 자체가 주인공으로 소스를 먹기 위해 요리를 만든다고 할 수 있다.

이 책에서는 다양한 요리에 편리하게 사용할 수 있는 살사 소스를 소개하고 있다.

아시엔다 델 시에로 Hacienda del cielo
도쿄도 시부야구 사루가쿠초 10-1
망사르드 다이칸야마 9F
東京都渋谷区猿楽町10-1
マンサード代官山 9F

나카야마 고조

예약 하기 힘든 인기 레스토랑 '산피료론賛否両論'
의 오픈멤버로 6년 동안 가사하라 마사히로 씨
에게 일본 요리를 배워 2009년 12월에 독립했
다. 편하게 일본 요리를 즐기는 '성인을 위한 이
자카야'가 '시아와세산미'의 콘셉트이다. 히로오
역, 에비스역, 시부야역에서 걸어서 15분이라는
나쁜 입지조건에도 불구하고 저렴한 가격과 만
족도가 높은 코스요리(2015년 8월 기준 5,000
엔)가 좋은 평가를 받아 항상 손님들로 붐비는 인
기 레스토랑이다.
코스요리는 손님들이 질리지 않고 마지막까지
맛있게 먹는 것이 중요하기 때문에 진하고 담백
한 요리의 맛을 낼 수 있는 소스의 역할이 중요하

다. 여름에는 식욕을 돋구어주는 산미를 살린 양
념을 사용하고 겨울에는 깊은 맛이 나는 소스를
준비한다. 또 담백한 식재료에는 연한 소스를 곁
들여 식재료의 맛을 살려주어야 하고 지방이나
감칠맛이 부족할 경우에는 소스로 이 부분을 보
충해주어야 한다. 이것이 소스의 역할이라고 생
각하고 있다.

시아와세산미 幸せ三昧
도쿄도 시부야구 히가시 4-8-1
東京都渋谷区東4-8-1

니시오카 히데토시

상하이 요리로 유명한 'CHEF'S'에서 요리를 배
우며 10년을 근무했다. 그 후 이탈리아와 스페
인 등에서 일을 했고 2009년 8월에 신주쿠 산초
메에 '차이니즈 타파스 렌게'를 오픈했다. 메뉴는
'차이니즈 타파스'라고 이름을 붙인 전채 요리를
비롯하여 50가지 정도가 되고 다양한 나라의 중
요한 포인트만 살려서 독자적인 요리 세계를 전
개했다. 2015년 6월에는 긴자로 이전하였다. 중
국 요리의 틀에 구속받지 않고 자유롭게 자신만
의 요리를 표현하고자 레스토랑 이름을 '렌게 에
크리오시티'로 바꾸었다. '에크리오시티'는 방정
식equation, 호기심curiosity, 탐구study라는 세 가
지 영어로 니시오카 셰프가 고안한 말이다. 메뉴

는 약 15종류의 요리로 구성된 코스요리(약 1만
5천엔) 하나뿐이다. 어떻게 하면 불필요한 맛을
제거하고 깔끔한 감칠맛을 낼지 늘 고민하면서
만드는 니시오카 셰프의 요리를 좋아하는 사람
들이 많다.
이 책에서는 이런 철학을 바탕으로 독자적으로
개발한 조미료와 소스를 소개하고 있다. 식재료
의 에센스만을 깔끔하게 우려내려는 발상과 노
력이 돋보인다.

렌게 에크리오시티 Renge equriosity
도쿄도 주오구 긴자 7-4-5 GINZA45빌딩 9F
東京都中央区銀座7-4-5 GINZA745ビル9F

유아사 잇세이

조리학교 재학 중에 여행으로 간 이탈리아 토스
카나 요리에 감동을 받아 이탈리아 요리를 배워
야겠다는 결심을 하게 된다. 졸업 후에는 일본의
이탈리안 레스토랑에서 5년간 근무하다가 26살
(2011년)에 이탈리아로 건너가 꿈에 그리던 토스
카나 주 피렌체의 요리학교에서 1년 동안 토스카
나 요리를 배웠다. 그 후에 이탈리아 레스토랑에
서 10개월간 경험을 쌓았다. 이곳에서 같은 소프
리토soffritto라도 요리에 따라 만드는 방법이 다
르고, 고기를 굽는 방법과 부위도 요리에 따라 엄
격히 구별되어 있다는 일본에서는 경험하지 못
한 토스카나 요리의 핵심을 배웠다. 또 파스타 요
리를 배우기 위해 에밀리아 로마냐로 옮겨 생활
하다가 2012년도에 일본으로 돌아왔다. '사로네

2007', '일 테아트리노 다 살로네'의 부셰프를 거
쳐 2015년 6월에 '비오디나미코'의 셰프가 되었
다. '비오디나미코'는 런치코스가 3,800엔, 디너
코스가 9,500엔으로 메뉴는 매달 바뀐다.
이 책에서는 토스카나에서 배운 소스를 중심으
로 소개하고 있다.

살로네 그룹 비오디나미코
도쿄도 시부야구 진난 1-19-14
크리스탈포인트빌딩 3F
東京都渋谷区神南1-13-4

요코야마 히데키

조리사학교를 졸업하고 오사카·이바라키의 '트라토리아 루나피에–l', 신바시의 '콜로세오'를 거쳐 '폰테베키오Ponte Vecchio' 계열점에서 3년간 근무했다. 그 후에 교토의 '바사노 델 그라파'(현재 폐점)에 입점하였고, 요도야바시의 '오티미스타'에서 3년 반 동안 셰프로 있었다. 2011년에 소몰리에 자격증을 가지고 있는 이마오 마사카즈 씨와 함께 '(食)마시카'를 오픈했다. '(食)마시카'는 담배 가게를 고쳐서 만든 곳으로 외관은 지금도 담배 가게 그대로(실제로 담배도 판매한다.)이다. 점심에는 직접 만든 샌드위치 이외에 카레라이스(800엔~)를 1~3종류 제공하고 있다. 저녁에는 다양한 요리와 내추럴 와인을 자유스러운 분위기에서 즐길 수 있는 것이 특징이다. 이탈리안 레스토랑에서 오랫동안 일한 경험을 살려 정통 이탈리아 파스타와 육류요리는 물론 일본 요리도 제공한다. 또 형식에 얽매이지 않고 다양한 식재료와 조미료를 요리에 사용한다.

이 책에서는 이런 유연한 자세에서 만들어진 소스를 소개하고 있다.

(食)마시카 (食)ましか
오사카 부 오사카 시 니시구 에도보리 1-19-15
大阪府大阪市西区江戸堀1-19-15

요네야마 다모쓰

텔레비전 구성작가를 하다가 요리의 세계로 들어왔다. 처음 요리를 배웠던 시모기타자와의 일본 식당은 조리를 하면서 손님을 상대하는 카운터 키친이었는데 그때 요리에 대한 재미를 느꼈다고 한다. 그 후에 프렌치 레스토랑 등에서 요리를 배우고 2009년에 다이닝 바 '포쓰라포쓰라'를 오픈했다. '포쓰라포쓰라'는 12명이 앉을 수 있는 카운터와 6개의 테기블이 있다. 요리는 술안주, 채소요리, 생선요리, 육류요리, 식사가 가능한 메뉴가 약 40가지 정도 있고 코스요리는 3,500엔 정도부터 있다. 엄선하게 고른 일본 술이 약 20종류, 일본 와인이 약 150종류 준비되어 있다. 메뉴는 술안주로 고르곤졸라 무스가 있는가 하면 생선회도 있고 요네야마 셰프의 풍부한 경험을 살린 다양한 요리가 준비되어 있다.

이 책에서는 손님들에게 술안주로 제공하는 딥 소스, 튀김이나 육류요리에 곁들이는 소스 등 창의성이 돋보이는 소스와 딥을 소개하고 있다.

포쓰라포쓰라 ぽつらぽつら
도쿄도 시부야구 마루야마초 22-11
호리우치 빌딩 1F
東京都渋谷区円山町22-11
堀内ビル1F

채소 테린 (요네야마 다모쓰/포쓰라포쓰라)

요리 사진 → p.13

재료 (길이 28㎝의 테린 1개분)

양배추 5~8장
브로콜리 1/3개
콜리플라워 1/3개
표고버섯 8개
영콘 8개
오크라 8개
인겐(꼬투리채 먹는 강낭콩) 10개
모코로 인겐 6개
노란·초록 주키니 각각 1개
노란·빨간 파프리카 각각 1/2개
토마토 줄레액

토마토 쥐*1 630㎖
한천*2 45g
화이트 와인 비네거 10㎖
소금 적당량

*1 토마토 쥐 만드는 방법: 토마토(24개)의 꼭지를 떼고 믹서에 넣어 주스 상태가 될 때까지 돌린다. 면보를 깔은 채를 볼에 겹친 다음 주스 상태의 토마토를 붓는다. 냉장고에 6시간 두었다가 거른다. 완성되면 맑은 상태가 된다.

*2 우뭇가사리과의 해초를 주원료로 하는 응고제

만드는 방법

1 채소를 준비한다. 양배추는 심을 제거한다. 브로콜리와 콜리플라워는 작은 송이로 자른다. 표고버섯은 줄기를 제거한다. 영콘과 오크라는 양쪽 끝을 자른다. 인겐과 모로코 인겐은 3~4㎝ 길이로 자른다. 노란·초록 주키니는 3~4㎝ 길이로 자른 다음 세로로 4등분한다. 노란·빨간 파프리카는 2㎝ 두께로 통썰기를 한 다음 반으로 자른다. 모든 채소를 너무 무르지 않게 찐다.

2 테린틀에 데친 양배추를 깔고 적당히 겹쳐서 틀을 완전히 덮은 다음 마지막에 뚜껑이 될 수 있도록 틀 밖으로 늘어트린다.

3 2의 틀에 양배추 이외의 채소를 채운다. 채소는 같은 종류의 채소가 세로로 한 줄이 되도록 빈틈없이 채워서 어느 부분을 잘라도 한 조각 안에 모든 채소가 들어가도록 한다.

4 토마토 줄레액을 만든다. 토마토 쥐를 끓어오르기 직전까지 가열한 다음 한천을 넣어 녹인다. 화이트 와인 비네거를 넣고 소금으로 간을 한다.

5 3의 틀에 4의 토마토 줄레액이 뜨거울 때 모서리까지 꼼꼼하게 부은 다음 2에서 늘어트린 양배추 잎으로 덮어 뚜껑을 만든다. 얼음물에 틀을 올려 줄레액을 굳힌 다음 냉장고에서 차갑게 한다.

양쇼야드 소스를 곁들인 파프리카와 여름 채소 샐러드 (아라이 노보루/레스토랑 오마주)

요리 사진 → p.16

재료 4인분

빨간 파프리카 1개
노란 파프리카 1개
오렌지 파프리카 1개
앙쇼야드 소스(p.16) 80g
꼬투리채 먹는 강낭콩(가는 것) 4개
브로콜리(작은 송이로 자른 것) 4송이
미니 오크라 4개
트레비소(적치콘) 적당량
옥수수 적당량
잎채소와 허브 각각 적당량

경수채
어린 잎채소
말라바 시금치
시블레트
처빌
옥살리스
마늘(으깬다) 1쪽
타임 1장
E.V.올리브 오일, 튀김용 기름 각각 적당량

만드는 방법

1 세 종류의 파프리카는 통째로 180℃의 기름에 5분간 튀긴다. 바트에 담아 랩을 싸서 남은 열로 껍질을 불린다.

2 1의 파프리카 껍질을 벗긴다. 과육은 세로로 4등분하여 씨를 제거한다. 바트에 담아 마을과 타임을 올리고 E.V.올리브 오일을 충분히 뿌린 다음 12시간 이상 마리네한다.

3 꼬투리채 먹는 강낭콩과 브로콜리는 살짝 데쳐서 먹기 좋은 크기로 자른다. 미니 오크라는 꼭지 쪽 단단한 부분만을 잘라내고 살짝 데쳐서 세로로 반을 자른다. 트레비소는 한입 크기로 자른다. 옥수수는 삶아서 칼로 알맹이를 분리한다.

4 2의 파프리카는 세로로 다시 가늘게 3등분한다. 접시에 직경 10㎝의 원형틀을 올린 다음 가장 아래에 앙쇼야드 소스를 깔아준다. 세 종류의 파프리카는 각각 3조각씩 둥글게 말아 원형틀 안에 넣는다. 3을 올리고 원형틀을 뺀다. 잎채소와 허브를 뿌린다.

앙쇼야드 소스를 곁들인 병어 푸알레 (아라이 노보루/레스토랑 오마주)

요리 사진 → (p.17)

재료 1인분

병어 60g
양쇼야드 소스 (p.16) 적당량
주키니(두께 1cm로 통 썰기 한 것) 2개
직접 만든 세미 드라이 토마토* 2개
어린 잎채소 적당량

E.V.올르 브 오일, 소금, 후추 각각 적당량

* 세미 드라이 토마토 만드는 방법: 토마토는 뜨거운 물에 담가 껍질을 벗긴 다음 세로로 4등분하여 씨를 제거한다. 요리 작업대에 올린 다음 각각 플레이크 솔트 1알, 타임 1장, 슬라이스한 마늘 1쪽을 올리고 80℃로 예열한 오븐에 2시간 가열한다.

만드는 방법

1 병어는 굽기 직전에 생선살 쪽에만 소금과 후추를 가볍게 뿌린다.

2 프라이팬에 E.V.올리브 오일을 두르고 달군 다음 **1**을 껍질을 아래로 하여 굽는다. 중불에서 70% 정도 익힌 다음 불을 끄고 병어를 뒤집어 약불에서 생선살 쪽을 20% 정도 굽는다. 불을 끄고 남은 열로 익힌다.

3 주키니는 석쇠로 직화로 굽는다.

4 접시에 **3**을 깔고 직접 만든 세미 드라이 토마토와 **2**를 올린다. 어린 잎채소를 뿌린 다음 양쇼야드 소스를 곁들인다.

볼리토 미스토 (유아사 잇세이/비오디나미코)

요리 사진 → p.64

재료 1인분

소 혀 1kg
닭 날개 1kg
통삼 겹살 1kg
양파(반으로 자른다) 3개
당근(세로로 반을 자른다) 2개
셀러리(반으로 자른다) 4줄기
물 10ℓ
암염 100g
소금, 통 흑후추 적당량

만드는 방법

1 소 혀는 흐르는 물에 깨끗이 씻는다.

2 냄비에 모든 재료를 넣고 강불에 끓인다. 끓어오르기 직전에 거품을 제거하고 약불에 삶는다.

3 익은 것부터 꺼낸다. 익는 시간은 보통 닭 날개는 약 30분, 통삼겹살은 약 2시간 이상, 소 혀는 2~3시간이다. 소 혀는 익으면 껍질을 벗긴다.

빨간 피망 줄레를 곁들인 훈제 닭 가슴살 (곤노 마코토/오르간)

요리 사진 → p.111

재료 4인분

닭 가슴살 1장
스모크 칩 적당량
빨간 피망 퓌레(p.110) 100㎖
판 젤라틴 빨간 피망 중량의 6%
빨간 피망 마리네 아래 분량에서 적당량

　빨간 피망 2개
　코리앤더 씨 3개
　라임즙 1/8개분
　딜 잎(잘게 다진다) 1장분
　화이트 와인 비네거 5㎖
　E.V.올리브 오일 5㎖

피스투 소스* 적당량 소금 적당량

* 피스투 소스 만드는 법: 바질(500g)과 이탈리안 파슬리(25g)는 줄기를 제거하고 마늘(1쪽), 가르미지아노 레지아노 같은 것(1.5큰술), 소금(적당량)과 함께 믹서에 넣고 페이스트 상태가 될 때까지 돌린다.

만드는 방법

1 닭 가슴살을 훈제한다.

1 닭 가슴살의 껍질을 벗긴 다음 소금을 뿌린다.

2 냄비 아래에 스모크 칩을 넣고 냄비 입구코다 큰 그물망을 올린 다음 강불에 올린다.

3 연기가 나면 수분을 닦은 **1**을 그물망에 올리고 볼을 씌워 뚜껑으로 사용한다.

4 연기가 볼 안에 가득차면 불을 끈

다. 냄비가 식으면 닭 가슴살을 꺼내 130℃로 예열한 오븐에 10분간 가열한다. 냉장고에 넣어 식힌다.

2 냄비에 빨간 피망 퓌레를 넣고 불에 올린 다음 물에 불린 판 젤라틴을 넣어 녹인다. **1**의 표면에 둘러준 다음 냉장고에 하룻밤 넣어둔다.

3 빨간 피망 마리네를 만든다.

1 피망은 익히지 않은 상태에서 껍질을 벗기고 채썰기를 한 다음 소금을 뿌려 숨을 죽인다.

2 코리앤더 씨는 굵게 으깨서 라임즙, 딜 잎, 화이트 와인 비네거, E.V.올리브 오일과 함께 **1**에 섞는다. 소금으로 간을 한다.

4 접시에 피스투 소스를 두르고 **2**를 두께 1cm로 어슷썰기하여 올린다. 빨간 피망 마리네를 곁들인다.

빨간 피망 퓌레를 곁들인 돼지고기 발로틴 (곤노 마코토/오르간)

요리 사진 → p.111

재료

돼지고기 발로틴/10인분

통삼겹살(껍질이 붙어있는 것) 2kg

A
달걀 1개
빵가루 10g
파프리카 파우더 2큰술
이탈리안 파슬리 잎(잘게 다진다)
약 20줄기

쿠르부용*1 적당량

빨간 피망 퓌레(p.110) 적당량

피페라드

그라스 도아(거위 지방) 30g

마늘(다진다) 2쪽

생 햄(잘게 다진다) 2장

빨간 피망 10~13개

B
거위 콩피 줄레*2 60㎖
파프리카 파우더 2작은술
삐멍 데스뿔레뜨*3 1작은술
타임 3~4장

감자 소테

작은 감자 4개

C
에샬롯(잘게 다진다) 1작은술
마늘(잘게 다진다) 1/2작은술
이탈리안 파슬리 1/2줄기

올리브 오일 적당량

포치드 에그/1인분

달걀 1개
쌀 식초 적당량

크레송(물냉이) 적당량

소금, 후추 각각 적당량

*1 향미 채소(마늘, 양파, 당근, 셀러리, 월계수, 타임, 파스리 줄기)를 넣고 끓인 국물

*2 거위 콩피를 끓여서 식혔을 때 바닥에 굳어있는 줄레

*3 프랑스 바스크 지방의 에스뿔레트 마을의 홍고추 파우더

만드는 방법

1 돼지고기 발로틴을 만든다.

1 통삼겹살에 소금을 충분히 뿌리고 냉장고에 매달아 7일간 말린다.

2 껍질에서 1~1.5㎝ 부분까지 자른 다음 껍질 부분은 따로 둔다. 안쪽 살의 1/3 분량은 칼로 다지고 나머지는 믹서에 넣어 돌린다.

3 파르스를 만든다. 2의 다진 고기와 믹서에 갈은 고기를 섞은 다음 **A**와 소금, 후추를 넣고 고기 반죽을 한다.

4 2에서 따로 둔 껍질 부위로 파르스를 감싼다. 도마 위에 껍질이 바닥에 가도록 깔고 살 위에 파르스를 두드려서 공기를 빼면서 올린다. 고기를 말아서 연줄로 묶는다.

5 쿠르부용을 끓여 간을 보면서 소금을 넣은 다음 4를 넣는다. 약 90℃의 온도를 유지하면서 3시간 끓인다.

6 불을 끄고 그대로 식혀서 보관한다.

2 피페라드를 만든다.

1 냄비에 그라스 도아를 넣어 달군 다음 마늘과 생 햄을 넣고 약불에 볶는다.

2 마늘 향이 나기 시작하면 씨를 제거하고 적당한 크기로 자른 빨간 피망을 넣고 볶는다.

3 2에 **B**, 소금, 후추를 넣은 다음 뚜껑을 덮고 굽는다. 수분이 나오면 뚜껑을 열고 국물을 빨간 피망에 뿌리면서 국물이 없어질 때까지 졸인다.

3 감자 소테를 만든다.

1 작은 감자를 조금 단단하게 삶아서 한입 크기로 자른다.

2 프라이팬에 올리브 오일을 두르고 1을 소테한다. **C**를 넣고 소금으로 간을 한다.

4 돼지고기 발로틴을 두께 2.5㎝ 크기로 잘라 220~230℃로 예열한 오븐에 15분간 가열한다. 오븐에서 꺼내 달군 프라이팬에 올려 표면을 바삭하게 굽는다.

5 포치드 에그를 만든다.

1 냄비에 물을 끓인 다음 쌀 식초를 넣고 불을 끈다. 국자로 뜨거운 물을 떠서 떨어뜨리는 작업을 반복하여 대류對流를 만든다. 여기에 달걀을 깨서 얌전히 넣는다. 대류로 흰자가 노른자를 감싸게 된다.

2 1의 냄비를 약불에 2분간 끓이다가 달걀을 꺼낸다.

6 접시에 빨간 피망 퓌레를 깔고 피페라드와 감자 소테를 담는다. 돼지고기 발로틴과 포치드 에그를 올린다. 크레송으로 장식한다.

비네그레트
(아라이 노보루/레스토랑 오마주)

재료

올리브 오일 450㎖
땅콩 오일 450㎖
프랑부아즈 비네거 300㎖
에샬롯(잘게 다진다) 170g
디종 머스터드 20g
간장 12g
소금 3g

만드는 방법

1 믹서에 모든 재료를 넣고 부드러워
   질 때까지 돌린다.

다시마 육수
(나카무라 히로시/아시엔다 델 시에로)

재료

다시마 약3g(7~8㎝ 정도)
물 500㎖

만드는 방법

1 냄비에 물과 다시마를 넣고 30분~1
   시간 정도 그대로 둔다.
2 1을 가열한다. 끓어오르기 직전에
   다시마를 뺀 다음 불을 끈다.

직접 만든 드라이 토마토
(요네야마 다모쓰/포쓰라포쓰라)

재료

방울토마토 적당량
소금 적당량

만드는 방법

1 방울토마토를 반으로 잘라 단면에
   소금을 뿌린 다음 15분간 둔다.
2 1의 단면에서 배어나온 수분을 닦은
   다음 100℃로 예열한 오븐에서 5시
   간 가열한다.

육수
(나카야마 고조/시아와세산미)

재료

다시마 120g
가쓰오부시(가다랑어포) 70g
물 10ℓ

만드는 방법

1 큰 냄비에 물과 다시마를 넣고 불에
   올린다. 70℃를 유지하면서 3시간
   끓인 다음 다시마를 꺼낸다.
2 85℃까지 온도를 높여 가다랑어포를
   넣고 불을 끈다. 가다랑어가 가라앉
   으면 걸러준다.

육수
(요네야마 다모쓰/포쓰라포쓰라)

재료

다시마 20g
가쓰오브시 50g
물 2ℓ

만드는 방법

1 냄비에 물과 다시마를 넣고 1시간 정
   도 그대로 둔다.
2 1을 불에 올린 다음 끓어오르기 직
   전에 가쓰오부시를 넣고 불을 끈다.
   가쓰오부시가 가라앉으면 걸러준다.

돼지고기 구이
니시오카 히데토시/렌게 에크리오시티)

재료

돼지고기 로스(지방을 제거한 것) 800g
대파(5㎝ 길이로 자른 것) 5개
생강 4쪽

소스

일본주 180㎖
팔각* 3쪽
중국 간장(생추왕) 45㎖
그라뉴당 60g
참기름 30㎖
일본주 적당량
소금 적당량

* 붓순나무과에 속하는 팔각의 8쪽의 열매
  가운데 3쪽 사용

만드는 방법

1 세로로 반으로 자른 돼지고기 로스
   에 소금을 충분히 뿌린다.
2 1에 일본주를 뿌리고 파와 생강을 올
   린 다음 58℃의 스팀 컨벡션 오븐에
   서 2시간 가열한다.
3 소스를 만든다. 냄비에 일본주와 팔

각을 넣고 끓이면서 알코올을 날린
다음 다른 재료를 넣는다. 끓어오르
면 2를 넣고 고기에 소스가 잘 스며
들도록 섞으면서 수분이 없어 질 때
까지 졸인다.

닭 육수
(곤노 마코토/오르간)

재료

닭 뼈 한 마리 분
양파(대) 1개
당근(중) 1개
셀러리 1개
마늘 1통
│ 타임 3장
│ 로즈메리 2장
A│ 월계수 잎 2장
│ 통 흑후추 소량
물 3ℓ

만드는 방법

1 닭 뼈는 깨끗이 씻어서 물과 함께 냄
   비에 넣는다. 중불에 끓이다가 끓어
   오르기 직전에 약불로 줄이고 거품
   을 제거한다.
2 마늘은 껍질 그대로 가로로 반을 자
   르고 다른 채소는 세로로 반을 잘라
   1에 넣는다. A도 넣어 약불에서 4시
   간 끓인 다음 거른다.

닭 육수
(니시오카 히데토시/렌게 에크리오시티)

재료

갈은 닭고기 2kg
닭 날개 1kg
닭발 1kg
다시마 30g
대파(5㎝ 길이로 자른 것) 4개
생강 60g
일본주 560㎖
물 8ℓ

만드는 방법

1 모든 재료를 냄비에 넣고 100℃의 스
   팀 컨벡션 오븐에서 4시간 가열한다.
   면보로 거른다.

파르미자노 사블레
(곤노 마코토/오르간)

재료

파르미지아 레지아노 치즈 적당량

만드는 방법

1 파르미자노 레지아노 치즈를 갈아 준다.
2 요리 작업대 위에 쿠킹 시트를 깔고 원형틀(직경 5㎝)을 사용하여 갈은 치즈를 펼친다. 210℃로 예열한 오븐에 3분간 구운 다음 175℃로 온도를 내려 4분간 더 굽는다. 식으면 쿠킹 시트에서 떼어낸다.

부용
(요네야마 다모쓰/포쓰라포쓰라)

재료

닭 뼈 1kg
양파 2개
당근 1개
셀러리 1개
물 6ℓ

만드는 방법

1 닭 뼈는 흐르는 물에 깨끗이 씻는다. 양파와 당근은 세로로 반을 자르고 셀러리는 반으로 자른다.
2 냄비에 1과 물을 넣고 끓인다. 끓어오르면 약불로 줄이고 거품을 제거한 다음 4시간 끓여서 거른다.

퐁드보 육수
(곤노 마코토/오르간)

재료

송아지 뼈 2.5kg
A
| 양파 2개
| 당근 1개 반
| 셀러리 1개 반
| 마늘 1쪽 반
| 정향 4개
| 통백후추 1/2작은술
B 부케 가르니* 한 다발
| 토마토 페이스트 25g
| 소금 적당량 물 5ℓ

---

* 푸아로의 파란 부분 1/2개, 월계수 잎 3장 로즈메리 1줄기 타임 3~4줄기 파슬리 4~5줄기를 다발로 묶은 것

만드는 방법

1 송아지 뼈는 230℃로 예열한 오븐에 15분간 굽는다.
2 **A**를 적당한 크기로 잘라 230℃로 예열한 오븐에 10분간 굽는다.
3 냄비에 **1**, **2**, **B**를 넣고 끓어오르기 직전까지 가열하다가 약불로 줄여 거품을 제거한다. 약불에 4~5시간 끓인다.
4 **3**을 거른 다음 반 정도로 줄어들 때까지 끓인다.

브로드
(유아사 잇세이/비오디나미코)

재료

꿩 뼈 6kg
양파 3개
당근 2개
셀러리 4줄기
A
| 월계수 잎 3장
| 통흑후추 한 꼬집
물 15ℓ

만드는 방법

1 양파, 당근, 셀러리를 세로로 반을 자른다.
2 냄비에 꿩 뼈와 물을 넣고 강불에 끓인다. 끓으면서 거품이 생기면 거품을 제거한다.
3 거품이 생기지 않으면 **1**과 **A**를 넣는다. 한 번 끓여준 다음 부글부글 끓는 정도로 불을 조절하여 2~3시간 끓인 다음 거른다.

폰즈
(나카야마 고조/시아와세산미)

재료

폰즈* 1800㎖
유자즙 90㎖
끓인 미림 720㎖
간장 1800㎖
다시마 15g
가쓰오부시(가다랑어포) 20g

---

* 감귤과즙에 식초를 넣은 시판 제품을 사용

만드는 방법

1 모든 재료를 섞은 다음 냉장고에서 1주일간 숙성시킨다.
2 걸러서 냉장고에 보관하다.

레몬 콩피
(곤노 마코토/오르간)

재료

레몬(유기농) 8개
설탕 500g
소금 100g
물 800㎖

만드는 방법

1 레몬은 꼭지에서 1㎝ 깊이까지 십자로 칼집을 넣는다.
2 소금과 설탕을 섞어서 **1**의 칼집 낸 부분에 문질러 넣는다. 남은 분량은 물에 녹여 레몬과 함께 밀폐용기(레몬이 액체에 완전히 담길 정도의 크기)에 담아 1개월 반 이상 상온에서 발효시킨다.

색 인

목차

기본 소스＆딥

디저트용 소스＆딥

서양의 소스＆딥

일본의 소스＆딥

중국·에스닉 소스＆딥

육류·내장고기에 어울리는 소스

어패류·가공품에 어울리는 소스 & 딥

모든 어패류

채소에 어울리는 소스 & 딥

면·밥·빵에 어울리는 소스 & 딥

면

밥

빵

소스 앤 딥
237

1판 1쇄 발행 2018년 5월 16일
1판 4쇄 발행 2025년 4월 15일

지은이 시바타쇼텐 편집부 ● 옮긴이 방영옥 ● 펴낸이 김기옥
편집 라이프스타일팀 이나리, 장윤선 ● 마케터 이지수
지원 고광현, 김형식 ● 디자인 나은민 ● 인쇄 · 제본 민언프린텍

펴낸곳 한스미디어(한즈미디어(주))
        주소   121-839 서울시 마포구 양화로 11길 13(서교동, 강원빌딩 5층)
        전화   02-707-0337
        팩스   02-707-0198
        홈페이지   www.hansmedia.com

출판신고번호 제313-2003-227호 | 신고일자 2003년 6월 25일

ISBN 979-11-6007-255-6 13590

책값은 뒤표지에 있습니다.
잘못 만들어진 책은 구입하신 서점에서 교환해 드립니다.